装配式建筑技术工人系列教材

构件制作工

马海滨　解国风　主编

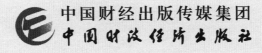

中国财经出版传媒集团

中国财政经济出版社

图书在版编目（CIP）数据

构件制作工／马海滨，解国风主编. －－北京：中国
财政经济出版社，2022.4
装配式建筑技术工人系列教材
ISBN 978－7－5223－1226－2

Ⅰ.①构… Ⅱ.①马… ②解… Ⅲ.①建筑工程－装
配式构件－技术培训－教材 Ⅳ.①TU7

中国版本图书馆 CIP 数据核字（2022）第 039322 号

责任编辑：刘孺泾 责任校对：胡永立
封面设计：北京兰卡绘世 责任印制：张 健

中国财政经济出版社 出版

URL：http：//www.cfeph.cn
E－mail：cfeph@ cfeph.cn
（版权所有 翻印必究）

社址：北京市海淀区阜成路甲 28 号 邮政编码：100142
营销中心电话：010－88191522
天猫网店：中国财政经济出版社旗舰店
网址：https：//zgczjjcbs.tmall.com
北京财经印刷厂印刷 各地新华书店经销
成品尺寸：170mm×240mm 16 开 15.5 印张 201 000 字
2022 年 7 月第 1 版 2022 年 7 月北京第 1 次印刷
定价：49.00 元
ISBN 978－7－5223－1226－2
（图书出现印装问题，本社负责调换，电话：010－88190548）
本社质量投诉电话：010－88190744
打击盗版举报热线：010－88191661 QQ：2242791300

丛书编委会

主　编　缪长江

编　委　（按姓氏笔画排序）

马海滨　　王金卿　　许孟斌　　杨卫东　　张云富

李　轩　　时建民　　何佰洲　　杨　柳　　肖　晓

连　都　　严晓东　　庞忠军　　赵千川　　胡兰英

赵　亮　　茹海华　　贾亚利　　崔恩杰　　韩军浩

解国风　　靳晓强　　管小军　　魏志民

丛书序

　　新型建筑工业化有别于 20 世纪 50 年代兴起、80 年代到达高峰的，以大板建筑和新型墙体改革为代表的建筑工业化。新型建筑工业化应当坚持以信息化带动工业化，以工业化促进信息化，走出一条科技含量高、经济效益好、资源消耗低、环境污染少、人力资源优势得到充分发挥的多快好省的发展道路。新型建筑工业化是在可研、设计、生产、施工和运营等诸多环节形成成套集成生产技术的基础上，实现建筑产品节能、环保、全寿命周期价值最大化的可持续发展的建筑生产方式。

　　新型建筑工业化的基本内容包括：（1）资源配置市场化。各类建筑生产要素一律通过市场（现货或者期货）解决，如资金、设备、材料、机具、劳动力等，非必要情况下行政力量不介入市场活动，要改变施工企业大量存储生产要素的问题，解决企业内部生产要素模拟市场化的历史遗留问题。（2）软件设计标准化。建筑工程分解后的任何一个单元，无论是标准件还是异型件，均可通过标准的软件设计来完成，最后形成一个既符合工厂产品生产要求，同时也满足现场施工需要的建筑工程体系。（3）建筑结构模数化。组成建筑工程体系的最小单元具有不同功能和形状，单元不同组合将产生不同的结构模式，按照一定的规则和程序将不同单元组合在一起，或者按照有机原则排列组合形成的单元之和称为模数。（4）部品生产工厂化。严格意义上讲，建筑结构实现了按照模数生产，建筑工程体系则是工厂化产品的主要形式，而构成建筑工程体系的单元产品则只是产品生产的补充，由于工程结构的变化带来工程体系技术含量的增加和结构形式的变化，势必造成产品生产企业服务的延伸，从而催生工程总承包企业迅猛发展。（5）作业队伍专业化。装配式建筑改变了建筑生产方式，施工方式的改变导致非专业化队伍难以胜任，这就要求施工作业队伍必须走"专、精、特、新"发展道路，同时政策引导和市场细分也应跟进。（6）施工现场装配化。一个产品技术含量越高，研发过程越复杂，操作就应该越简单、便捷，装配式建筑体系亦是如此。因此，一方面要摒弃传统施工方式，另一方面所有现场组装的建筑工程体系中技术含量部分均应提前在产品研发阶段完成，现场就是按照一定的规则和顺序简单地拼装。

"装配式建筑技术工人系列教材"由11个分册组成，即：《新型建筑工业化发展概论》《构件制作工》《构件装配工》《钢筋加工配送工》《内装部品组装工》《预埋工》《灌浆工》《打胶工》《装配式建筑案例解析》《AI

助力装配式建筑发展》《法律法规选编》。

《新型建筑工业化发展概论》厘清了历史发展脉络，反映了历史发展进程中重要事件和人物，揭示了世界前沿理论和实践成果；《AI 助力装配式建筑发展》落脚于房屋建筑工程，适当增加了 VR/AR、IOT、3D 打印和机器人等相关内容，充分发挥 AI 对装配式建筑的引领和推动作用；《装配式建筑案例解析》立足于建设工程全生命周期，突出装配式建筑设计和施工阶段建模和项目管理，推动企业数字化改造并保持与人工智能的有机衔接；《法律法规选编》收录了相关政策法规、标准规范，以加强对装配式建筑工程实践的指导。

《构件制作工》《构件装配工》《钢筋加工配送工》《内装部品组装工》《预埋工》《灌浆工》和《打胶工》等技术工人教材，分为章、节、目、条。教材以条为对象进行展开细化，将主要施工环节、技术要点、工法和标准规范要求囊括其中，分条描述符合法律法规、施工图设计、技术标准和操作规程的施工流程、工序搭接和施工结果。书中也适当穿插了一些案例，以增强教材的生动性和可读性。

由于编者水平有限，谬误之处在所难免，敬请读者批评指正。

缪长江

2021 年 8 月

前言

　　当今世界正面临百年未遇之大变局，新冠肺炎疫情对世界经济造成全方位影响。在以习近平同志为核心的党中央坚强领导下，我国率先实现经济正增长，"十四五"规划已取得良好开端，正在向第二个百年奋斗目标进军，开启全面建设社会主义现代化国家新征程。建筑业如何发挥国民经济支柱产业的作用，如何融入国家"十四五"规划发展格局，如何把握"百年未有之大变局"给中华民族伟大复兴带来的机遇和挑战，如何实现全产业链新型工业化转型升级，是全体从业人员必须直面的重大课题。

　　近日，住房和城乡建设部发布《"十四五"建筑业发展规划》（以下简称《规划》）。《规划》明确提出，智能建造与新型建筑工业化协同发展的政策体系和产业体系基本建立，全面提升产业链现代化水平是建筑业"十四五"时期的重要发展目标。要大幅提升建筑工业化、数字化、智能化水平，打造一批建筑产业互联网平台，形成一批建筑机器人标志性产品，培育一批智能建造和装配式建筑产业基地，推动形成一批智能建造龙头企业，为"中国建造"升级提供产业发展基础。推进新型建筑工业化与建筑产业现代化意义深远，要大力发展新型装配式建筑，优化构件、部品生产，提高产业工人队伍素质是首要任务。作为装配式建筑技术工人教材丛书之一，本书能够帮助从业人员掌握装配式建筑构件生产的相关知识，既可以作为装配式混凝土预制构件生产企业的培训教材，也可以作为建筑类职业院校相关专业教学辅助用书。

全书分为基础知识、生产设备及工装、生产准备、预制构件生产、预制构件质量检验、安全生产和绿色生产七个部分，并具备以下特点。

符合政策导向，结合行业实际。本书完全契合国家所提出的"加快新型建筑工业化发展"要求，有利于推动建筑产业转型升级，符合当前我国培养建筑业产业工人的需求。

内容全面丰富，语言通俗易懂。本书面向从事装配式混凝土建筑预制构件生产的一线工人，条理清晰、重点突出、文字通俗，详细地阐述了装配式混凝土建筑预制构件生产的基本知识、操作技能以及生产过程。

图文并茂，注重实践。为方便读者对相关知识点的理解和掌握，本书结合正文所述，穿插了大量的生产过程图片，具有较强实践性和实用性。

本书主编马海滨为吉林安装集团股份有限公司技术负责人，长期在装配式建筑预制构件生产、施工一线，从事生产组织和技术管理工作，实践经验丰富，理论基础扎实，对吉林省装配式建筑的发展和技术革新都有较大贡献。

希望本书对装配式建筑从业人员能有所帮助，限于编者能力和水平，本书难免有差错和需要完备更正之处，恳请读者能将阅读和工作实践中发现的问题及时反馈给我们，便于修订时改正。

解国风
2022 年 3 月

目录

第一章
基础知识

第一节
装配式建筑简介

一、装配式建筑的概念

1. 定义

装配式建筑是指把传统建造方式中的大量现场作业工作转移到工厂进行，在工厂加工制作好建筑用构件和配件（如楼板、墙板、楼梯、阳台等），运输到建筑施工现场，通过可靠的连接方式在现场装配安装而成的建筑。

国家标准对装配式建筑的定义：结构系统、外围护系统、设备与管线系统、内装系统的主要部分是采用预制部品部件集成的建筑。

2. 我国装配式建筑的发展

（1）1950—1960 年是起步和发展阶段，我国标准预制构件体系逐步建立，开始向苏联学习，推广装配式大板建筑。1962—1964年出现第一次发展高峰。

（2）1970—1980 年是迅速发展阶段，以全装配大板建筑体系为代表的相关标准开始配套和完善。1978—1980 年是我国装配式建筑的第二次发展高峰。

（3）1990 年开始，我国逐步建立起社会主义市场经济体制，建筑业快速发展，现浇结构几乎全部替代了装配式结构，预制构件在建筑领域消亡。

（4）1999—2015 年，我国建筑工业化重新崛起，进入了新的提升期。

（5）2016 年开始，我国建筑工业化进入了快速发展期。

二、装配式建筑的分类

装配式建筑按结构材料分类主要有：装配式混凝土建筑、装配式钢结构建筑、装配式木结构建筑（见图 1 - 1 至图 1 - 3）。

图 1 - 1　装配式混凝土建筑（长春万科西宸之光住宅项目）

图1-2　装配式钢结构建筑（汉京大厦，目前世界最高的全钢结构建筑）

图1-3　装配式木结构建筑（长春市全民健身游泳馆项目）

三、装配式混凝土建筑的概念

　　装配式混凝土建筑是指以工厂化生产的钢筋混凝土预制构件为主，通过现场装配的方式设计建造的混凝土结构类房屋建筑，一般分为全装配建筑和部分装配建筑两大类。全装配建筑一般为低层或抗震设防要求较低的多层建筑；部分装配建筑的主要构件一般采用预制构件，在现场通过现浇混凝土连接，形成装配整体式结构的建筑物。装配式混凝土建筑物的特点是，施工速度快，便于冬期施工，生产效率高，产品质量好，减少了物料损耗。

国家标准对装配式混凝土建筑的定义：建筑的结构系统由混凝土部件（预制构件）构成的装配式建筑。

工作中我们经常提到的"PC"是 Precast Concrete 的英文缩写，业内通常用"PC 构件"代表预制混凝土构件。国际装配式建筑领域习惯把装配式混凝土建筑简称为"PC 建筑"；把预制混凝土构件称为"PC 构件"；把制作混凝土构件的工厂称为"PC 工厂"。

四、装配率的概念

2017 年 12 月 12 日，我国住房和城乡建设部批准《装配式建筑评价标准》GB/T 51129—2017 为国家标准，自 2018 年 2 月 1 日起实施。该标准采用一个指标综合反映建筑的装配化程度，以装配率对装配式建筑的装配化程度进行评价。装配率的具体定义为：单体建筑室外地坪以上的主体结构、围护墙和内隔墙、装修与设备管线等采用预制部品部件的综合比例。装配率根据参与评价项目的评价分值进行计算，即由主体结构（50 分）、围护墙和内隔墙（20 分）、装修和设备管线（30 分）3 个指标中参与评分的项目实际得分之和与参与评价项目总分之比（见表 1 –1）。

表 1 –1 装配式建筑评分表

评价项		评价要求	评价分值	最低分值
主体结构 （50 分）	柱、支撑、承重墙、延性墙板等竖向构件	35% ≤ 比例 ≤ 80%	20 ~ 30*	20
	梁、板、楼梯、阳台、空调板等构件	70% ≤ 比例 ≤ 80%	10 ~ 20*	

续表

评价项		评价要求	评价分值	最低分值
围护墙和内隔墙 (20分)	非承重围护墙非砌筑	比例≥80%	5	10
	围护墙与保温、隔热、装饰一体化	50%≤比例≤80%	2~5*	
	内隔墙非砌筑	比例≥50%	5	
	内隔墙与管线、装修一体化	50%≤比例≤80%	2~5*	
装修和设备管线 (30分)	全装修	—	6	6
	干式工法楼面、地面	比例≥70%	6	—
	集成厨房	70%≤比例≤90%	3~6*	
	集成卫生间	70%≤比例≤90%	3~6*	
	管线分离	50%≤比例≤70%	4~6*	

注：表中带"＊"项的分值采用"内插法"计算，计算结果取小数点后1位。

装配式建筑应同时满足下列要求：主体结构部分的评价分值不低于20分；围护墙和内隔墙部分的评价分值不低于10分；采用全装修；装配率不低于50%。

装配率为60%~75%时，评价为A级装配式建筑；装配率为76%~90%时，评价为AA级装配式建筑；装配率为91%及以上时，评价为AAA级装配式建筑。

五、常用名词解释

（1）装配式建筑：结构系统、外围护系统、设备与管线系统、内装系统的主要部分采用预制部品部件集成的建筑。

（2）装配式混凝土建筑：建筑的结构系统由混凝土部件（预制构件）构成的装配式建筑。

（3）预制混凝土构件：在工厂或现场预先制作的混凝土构件，简称预制构件。

（4）装配式混凝土结构：由预制混凝土构件通过可靠的连接

方式装配而成的混凝土结构。

（5）装配整体式混凝土结构：由预制混凝土构件通过可靠的连接方式进行连接并与现场后浇混凝土、水泥基灌浆料形成整体的装配式混凝土结构。

（6）装配整体式混凝土框架结构：全部或部分框架梁、柱采用预制构件建成的装配整体式混凝土结构。

（7）装配整体式混凝土剪力墙结构：全部或部分剪力墙采用预制墙板构件建成的装配整体式混凝土结构。

（8）多层装配式墙板结构：全部或部分墙体采用预制墙板构建而成的多层装配式混凝土结构。

（9）预制率：一般是指装配式混凝土建筑中，建筑室外地坪以上的主体结构和围护结构中预制构件部分的混凝土用量占混凝土总量的体积比。

（10）装配率：单体建筑室外地坪以上的主体结构、围护墙和内隔墙、装修和设备管线等采用预制部品部件的综合比例。

（11）钢筋套筒灌浆连接：在预制混凝土构件内预埋的金属套筒中插入钢筋并灌注水泥基灌浆料而实现的钢筋连接方式。

（12）钢筋浆锚搭接连接：在预制混凝土构件中预留孔道，在孔道中插入需搭接的钢筋，并灌注水泥基灌浆料而实现的钢筋搭接连接方式。

（13）混凝土叠合受弯构件：预制混凝土梁、板顶部在现场后浇混凝土而形成的整体受弯构件，简称叠合板、叠合梁。

（14）预制外挂墙板：安装在主体结构上，起围护、装饰作用的非承重预制混凝土外墙板，简称外挂墙板。

（15）预制混凝土夹心保温外墙板：中间夹有保温层的预制混凝土外墙板，简称夹心外墙板，主要由外叶装饰层、中间夹心保温层和内叶承重结构层组成。

（16）混凝土粗糙面：预制构件结合面上的凹凸不平或骨料显露的表面，简称粗糙面。

第二节

构件分类

一、基本预制构件的分类

装配式混凝土结构建筑的基本预制构件，按照组成建筑的构件特征和性能划分，包括以下几类。

（1）预制楼板，含预制实心板、预制空心板、预制叠合板、预制阳台。

（2）预制梁，含预制实心梁、预制叠合梁、预制 U 型梁。

（3）预制墙，含预制实心剪力墙、预制空心墙、预制叠合式剪力墙、预制非承重墙。

（4）预制柱，含预制实心柱、预制空心柱。

（5）预制楼梯，含预制楼梯段、预制休息平台。

（6）其他复杂异形构件，如预制飘窗、预制带飘窗外墙、预制转角外墙、预制整体厨房卫生间、预制空调板等。

二、常见的预制构件

常见的混凝土预制构件有：叠合板、预制楼梯、预制剪力墙板、预制外挂墙板、预制叠合梁、预制柱、预制阳台、预制飘窗等（见图 1-4 至图 1-11）。

图1-4 叠合板

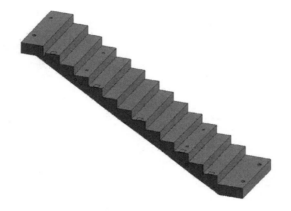

图1-5 预制楼梯

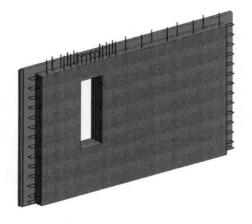

图1-6 预制剪力墙板

图 1 - 7　预制外挂墙板

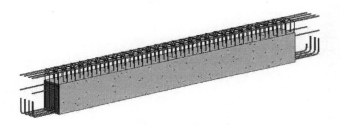

图 1 - 8　预制叠合梁

图 1 - 9　预制柱

图 1 - 10　预制阳台

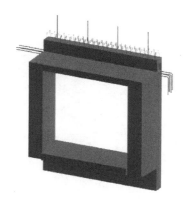

图 1 – 11   预制飘窗

第三节
构件识图

一、构件图的内容

构件图包括如下内容。

（1）装配式设计说明；

（2）模板图（尺寸图、预埋件布置）；

（3）配筋图（钢筋型号及布置）；

（4）拉结件布置图（预制夹心保温外墙板）；

（5）节点详图；

（6）钢筋及预埋件明细表。

二、构件图的表达

1. 模板图

通过正视、俯视（仰视）、侧视三个视图，确定构件外轮廓尺寸、构件规格、预埋件位置（见图1－12）。

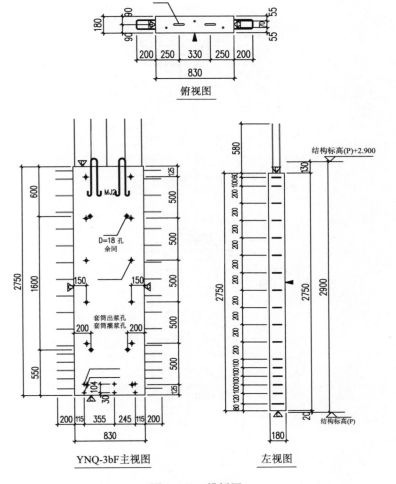

图 1－12 模板图

2. 钢筋图

通过正视及剖面图确定钢筋位置，每个型号钢筋都有唯一编号（见图 1 – 13）。

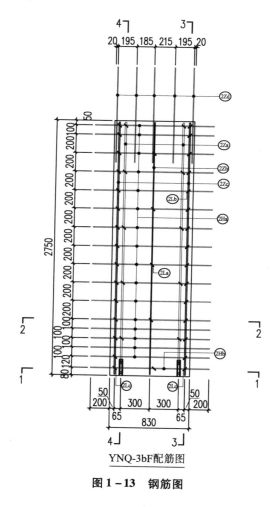

YNQ-3bF配筋图

图 1 – 13 钢筋图

3. 拉结件图

通过平面布置图和侧视图，确定拉结件的位置、规格型号、数量（见图 1 – 14）。

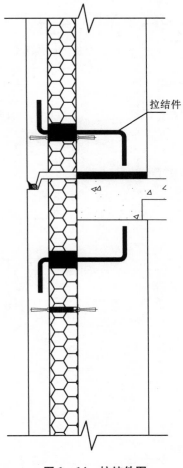

拉结件

图 1 – 14　拉结件图

4. 节点图

通过节点详图及示意图，确定构件细部做法（见图 1 – 15 至图 1 – 17）。

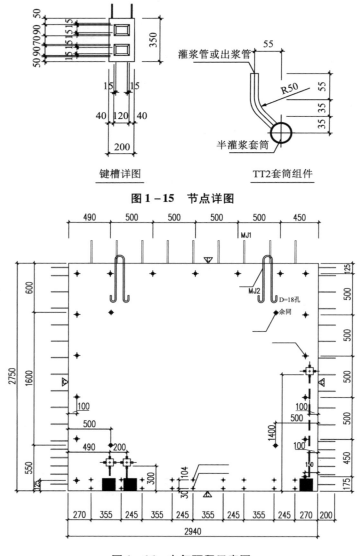

图 1 – 15 节点详图

图 1 – 16 电气预留示意图

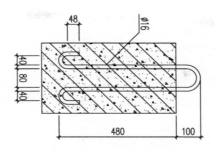

图 1-17 预埋件示意图

5. 钢筋明细表及预埋件明细表

通过表 1-2、表 1-3，确定钢筋及预埋件的规格型号、数量、加工尺寸。

表 1-2   钢筋明细表

钢筋类型		编号	规格	数量	钢筋尺寸	备注
② 墙身	竖向筋	2Za	Φ18	4	294 2679 25.5	插入套筒深度 25.5
		2Zb	Φ6	4	2820	
		2Zc	Φ12	4	2820	
	水平筋	2Ha	Φ10	17	250 1300 250 118	封闭箍筋
		2Hb	Φ10	1	250 1300 250 148	封闭箍筋
	拉筋	2La	Φ6	10	75 132 75	
		2Lb	Φ6	4	75 156 75	
		2Lc	Φ6	34	75 126 75	

表1-3 预埋件明细表

编号	名称	数量	备注
MJ1	吊环	2	直径 φ16
MJ2	临时支撑（脱模）预埋螺母	4	可选件详见《装配式混凝土结构连接节点构造》G310-1~2
MJ3	模板安装埋件	10	
TT1	套筒组件	2	
TT2	套筒组件	2	
DH			
	PCV 线管	1	
砼体积（m³）	0.74	构件重量（t）	1.8

三、图纸符号识别

1. 剖切符号（见图1-18）

图1-18 剖切符号示意图

2. 索引符号（见图1-19）

图1-19 索引符号示意图

3. 标注符号（见图 1 – 20）

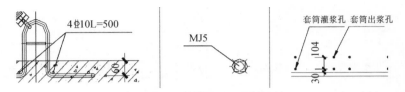

图 1 – 20 标注符号示意图

四、构件编号

根据《装配式混凝土结构表示方法及示例（剪力墙结构）》15G107 – 1 相关规定，构件编号如表 1 – 4 至表 1 – 8 所示。

表 1 – 4　　　　　　　　预制混凝土剪力墙编号

预制墙板类型	代号	序号
预制外墙	YWQ	××
预制内墙	YNQ	××

注：WQC1 – 3028 – 1518 表示：（WQC1）一窗洞高窗台外墙；（3028）标志宽度 3000mm，层高 2800mm；（1518）窗宽 1500mm，窗高 1800mm。

表 1 – 5　　　　　　　　预制叠合梁编号

名称	代号	序号
预制叠合梁	DL	××
预制叠合连梁	DLL	××

注：DL1 表示预制叠合梁，编号为 1；DLL3 表示预制叠合连梁，编号为 3。

表1-6 预制叠合板编号

叠合板类型	代号	序号
叠合楼面板	DLB	××
叠合屋面板	DWB	××
叠合悬挑板	DXB	××

注：DBD67-3324表示：（DBD）单向受力叠合板用底板；（67）预制底板厚度为60mm，后浇叠合层厚度为70mm；（3324）预制底板的标志跨度为3300mm，预制底板的标志宽度为2400mm。

表1-7 预制楼梯编号

预制楼梯类型	编号
双跑楼梯	ST-aa-bb
剪刀楼梯	JT-aa-bb

注：ST-28-25表示：（ST）预制钢筋混凝土板式楼梯为双跑楼梯，（28）层高为2800mm，（25）楼梯间净宽为2500mm。

表1-8 预制阳台板、空调板及女儿墙编号

预制构件类型	代号	序号
阳台板	YYTB	××
空调板	YKTB	××
女儿墙	YNEQ	××

注：①YTB-D-1024-08表示：（YTB）预制阳台板；（D）叠合式；（1024）长度1000mm，开间2400mm；（08）封边高度800mm。②预制阳台类型：D叠合板式阳台、B全预制板式阳台、L全预制梁式阳台。③KTB-84-130表示：（KTB）预制空调板；（84）挑出长度840mm，（130）宽度1300mm。④NEQ-J1-3614表示：（NEQ）预制女儿墙；（J1）夹心保温式女儿墙直板；（3614）长度3600mm，高度1400mm。⑤预制女儿墙类型：J1夹心保温式女儿墙直板、J2夹心保温式女儿墙转角板、Q1非保温式女儿墙直板、Q2非保温式女儿墙转角板。

五、常见图纸问题处理

1. 平面（立面图）与节点图尺寸不符

处理方式：最好与设计师或相关负责人沟通确定，设计师或相关负责人不在场时，默认以节点详图尺寸为准。

2. 钢筋表（预埋件表）钢筋数量或预埋件数量与图纸不符

处理方式：以图纸数量为准。

3. 预制构件内钢筋与钢筋打架、钢筋与预埋件打架

预制构件内的钢筋可微调，幅度较大时相关钢筋折弯避让，伸出构件外的钢筋不可调，主筋不可调；预埋件的位置最好不要调整，某些预埋件，如线盒在墙板的水平方向可以微调；特殊情况由设计师或相关负责人给出处理方案。

第四节

常用材料介绍

一、混凝土

混凝土是用胶凝材料将粗细骨料胶结成整体的复合固体材料的总称。混凝土的种类很多，装配式混凝土预制构件常用的是普通混凝土。普通混凝土是指以水泥为胶凝材料，砂子和石子为骨料，经加水搅拌、浇筑成型、凝结固化成具有一定强度的人工石材，即水

泥混凝土，是目前工程中大量使用的混凝土品种。"混凝土"一词通常可简称为"砼"。

1. 普通混凝土的主要优点

原材料来源丰富、施工方便、性能可根据需要设计调整、抗压强度高、耐久性好。

2. 普通混凝土存在的主要缺点

自重大，$1m^3$ 混凝土重约 2400kg；抗拉强度低，抗裂性差，混凝土的抗拉强度一般只有抗压强度的 $1/10 \sim 1/20$，易开裂；收缩变形大，水泥水化凝结硬化引起的自身收缩和干燥收缩达 $500 \times 10^{-6}m/m$ 以上，易产生混凝土收缩裂缝。

3. 普通混凝土的基本要求

满足便于搅拌、运输和浇捣密实的施工和易性；满足设计要求的强度等级；满足工程所处环境条件所必需的耐久性。在满足上述三项要求的前提下，最大限度地降低水泥用量，节约成本，即经济合理性。

4. 混凝土的强度

按照国家标准《混凝土物理力学性能试验方法标准》GB/T 50081 的规定，将混凝土拌合物制作边长为 150mm 的立方体试件，在标准条件下（温度为 20 ± 2℃，相对湿度为 95% 以上），养护到 28d 龄期，测得的抗压强度值为混凝土立方体试件抗压强度，简称立方体抗压强度，以"cu"表示。按照《混凝土结构设计规范》GB 50010 规定，普通混凝土划分为十四个等级，即 C15、C20、C25、C30、C35、C40、C45、C50、C55、C60、C65、C70、C75、C80。

5. 影响混凝土强度的因素

（1）水泥强度和水灰比：水泥强度越高，水灰比越小，配制的混凝土强度越高；反之，混凝土的强度越低。

（2）骨料的影响：混凝土的强度还与骨料，尤其是粗骨料的表面状况有关。碎石表面粗糙，粘结力比较大；卵石表面光滑，粘结力比较小。因而在水泥强度等级和水灰比相同的条件下，碎石混凝土的强度往往高于卵石混凝土。

（3）龄期：龄期是指混凝土在正常养护条件下所经历的时间。在正常养护条件下，混凝土强度将随着龄期的增长而增长。最初7～14d 内，强度增长较快，以后逐渐缓慢。普通水泥制成的混凝土，在标准条件养护下，龄期不小于 3d 的混凝土强度发展大致与其龄期的对数成正比关系。

（4）养护条件：混凝土的养护条件主要是指所处的环境温度和湿度。养护环境温度高，水泥水化速度加快，混凝土早期强度高；反之亦然。为加快水泥的水化速度，可采用湿热养护的方法，即蒸气养护或蒸压养护。湿度通常指的是空气相对湿度，相对湿度低，混凝土中的水分挥发快，混凝土因缺水而停止水化，强度发展受阻。一般在混凝土浇筑完毕后 12h 内应开始对混凝土加以覆盖或浇水。

6. 混凝土配比

（1）配合比的定义：配合比就是指混凝土中各组成材料（水、水泥、砂和石）之间的比例关系。

（2）配合比的表示方法：以每立方米混凝土中各项材料的质量来表示。如某配合比为水泥 300kg，水 180kg，砂 720kg，石子 1200kg，1m³ 混凝土总质量为 2400kg；以各项材料相互间的质量比来表示（以水泥质量为1），如将上例换算成质量比，则水泥:砂:石 = 1:2.4:4，水灰比 = 0.60。

（3）混凝土配合比设计的三个重要参数：水灰比、单位用水量、砂率。

（4）混凝土配合比设计过程：一般分为四个阶段，即初步配合比的计算、基准配合比的确定，实验配合比的确定和施工配合比的确定。通过这一系列的工作，从而选择混凝土各组分的最佳配合比例。

（5）设计依据：《普通混凝土配合比设计规程》JGJ 55；《混凝土结构施工质量验收规范》GB 50204；《混凝土质量控制标准》GB 50164；《普通混凝土拌合物性能试验方法》GB/T 50080；《混凝土物理力学性能试验方法标准》GB/T 50081；《混凝土强度检验评定标准》GB/T 50107；砂、石、外加剂、掺合料的相关标准。

二、矿物掺和料

混凝土的组成材料，包括硅酸盐水泥、矿物掺合料、骨料（砂、石）、化学外加剂和拌合水。其中，矿物掺合料是指在混凝土制备过程中掺入的，与硅酸盐水泥共同组成胶凝材料，以硅、铝、钙等一种或多种氧化物为主要成分，是具有规定细度和凝结性能，能改善混凝土拌合物工作性能和混凝土强度的活性粉体材料。例如，粉煤灰、硅灰、矿渣粉能改善混凝土流动性、黏聚性和坍落度损失等工作性能；粉煤灰、矿渣粉能改善混凝土水化热、收缩变形和抗裂等稳定性能；硅粉、矿渣粉能改善混凝土抗渗、抗冻、抗氯离子渗透等耐久性能；粉煤灰、矿渣粉能增强混凝土低抗化学侵蚀、微生物腐蚀等抗蚀性能。

1. 粉煤灰

在混凝土中掺加粉煤灰节约了大量的水泥和细骨料，减少了用水量，改善了混凝土拌合物的和易性，增强混凝土的可泵性，减少了混凝土的徐变，减少水化热、降低热能膨胀性，提高混凝土抗渗能力，增加混凝土的修饰性。

2. 矿粉

在混凝土中加入矿粉等活性矿物掺合料，不仅可以解决这些工业废渣的再利用问题，有利于环境保护，还能够节约资源、降低能源消耗，同时能够改善混凝土的工作性、提高抗压强度和耐久性能。

3. 微硅粉

微硅粉能够填充水泥颗粒间的孔隙，同时与水化产物生成凝胶体，与碱性材料氧化镁反应生成凝胶体。在水泥基的砼、砂浆与耐火材料浇注料中，掺入适量的硅灰，可显著提高其抗压、抗折、抗渗、防腐、抗冲击及耐磨性能。同时，微硅粉具有保水、防止离析、泌水、大幅降低砼泵送阻力的作用。

4. 天然火山灰

替代部分水泥，降低成本；降低或提高混凝土强度，取决于粉磨细度；降低渗透性和提高耐久性。

5. 石灰石粉

替代部分水泥，降低成本；调整混凝土塑性粘度，能够改善强度和表面质量。

三、混凝土外加剂

1. 混凝土外加剂的定义

混凝土外加剂是在拌制混凝土过程中掺入，用以改善混凝土性能的物质，掺量不大于水泥质量的5%（特殊情况除外）。

2. 混凝土外加剂的分类

《混凝土外加剂术语》GB/T 8075 中按外加剂的主要功能将混凝土外加剂分为四类。

（1）改善混凝土拌合物流变性能的外加剂，如减水剂和泵送剂等。

（2）调节混凝土凝结时间、硬化过程的外加剂，如缓凝剂、早强剂、促凝剂和速凝剂等。

（3）改善混凝土耐久性的外加剂，如引气剂、防水剂和阻锈剂等。

（4）改善混凝土其他性能的外加剂，如膨胀剂、防冻剂和着色剂等。

3. 减水剂

减水剂是指能保持混凝土的和易性不变，而显著减少其拌合用水量的外加剂。在拌合物中加入减水剂后，如不改变单位用水量，可明显地改善其和易性，因此减水剂又称为塑化剂。减水剂主要有木质素系、萘系、树脂系、糖蜜系和腐植系等几类，各类可按主要功能分为普通减水剂、高效减水剂、早强减水剂、缓凝减水剂、引气减水剂等几种。

4. 早强剂

能加速混凝土早期强度发展的外加剂称为早强剂。这类混凝土外加剂能加速水泥水化的过程，提高混凝土的早期强度，并对后期强度无显著影响。常用的有氯盐、硫酸盐、三乙醇胺三大类以及以它们为基础的复合早强剂。

5. 引气剂

在搅拌混凝土的过程中，能引入大量分布均匀、稳定而封闭的微小气泡的外加剂称为引气剂。引气剂可在混凝土拌合物中引入直径为 0.05~1.25mm 的气泡，能改善混凝土的和易性，提高混凝土的抗冻性，适用于港工、水工、地下防水混凝土等工程，常用的产品有松香热聚物、松香皂等，此外还有烷基磺酸钠及烷基苯磺酸钠等。

6. 缓凝剂

延长混凝土凝结时间的外加剂称为缓凝剂。在混凝土施工中，为了防止在气温较高、运送距离较长等情况下，混凝土拌合物过早凝结影响浇灌质量，延长大体积混凝土放热时间，或对分层浇注的混凝土进行防止出现施工裂缝的工程，常需要在混凝土中加入缓凝剂。

7. 防冻剂

能使混凝土在负温下硬化，并在规定的时间内达到足够防冻强度的外加剂称为防冻剂。在负温条件下，施工的混凝土工程须掺入防冻剂。一般防冻剂除了能降低冰点外，还有促凝、早强、减水等作用，所以多为复合防冻剂。常用的有 NC-3 型、MN-F 型、FW2、FW3、AN-4 等。

四、钢筋

由于品种、规格、型号的不同和在构件中所起的作用不同，钢筋在施工中常常有不同的叫法。对一个钢筋工来说，只有熟悉钢筋的分类，才能比较清楚地了解钢筋的性能和在构件中所起的作用，在钢筋加工和安装过程中不致发生差错。

按照不同方法，钢筋可有不同的分类，大致如下。

1. 按钢筋在构件中的作用分类

（1）受力筋：构件中根据计算确定的主要钢筋，包括受拉筋、弯起筋、受压筋等。

（2）构造钢筋：构件中根据构造要求设置的钢筋，包括分布筋、箍筋、架立筋、横筋、腰筋等。

2. 按钢筋的外形分类

（1）光圆钢筋：钢筋表面光滑无纹路，主要用于分布筋、箍筋、墙板钢筋等。直径 6 ~ 10mm 时一般做成盘圆，直径 12mm 以上为直条（见图 1 - 21）。

图 1 - 21　光圆钢筋

（2）变形钢筋：常称作"螺纹钢"。变形钢筋是表面带肋的钢筋，通常带有两道纵肋和沿长度方向均匀分布的横肋，横肋的外形为螺旋形、人字形、月牙形三种。钢筋表面刻有不同的纹路，增强了钢筋与混凝土的粘结力，因而能更好地承受外力作用，主要用于构件中的受力筋（见图 1 - 22）。

图 1 - 22　变形钢筋（螺纹钢）

（3）钢丝：分为冷拔低碳钢丝和碳素高强钢丝两种，直径均在 5mm 以下，常用于预应力混凝土构件中（见图 1 – 23）。

图 1 – 23　钢丝

（4）钢绞线：有三股和七股两种，常用于预应力钢筋混凝土构件中（见图 1 – 24）。

图 1 – 24　钢绞线

3. 普通钢筋的强度标准值

普通钢筋的强度标准值，如表 1 – 9 所示。

表 1-9 普通钢筋的强度标准值

牌号	符号	公称直径 d（mm）	屈服强度标准值 f_{yk}（N/mm²）	极限强度标准值 f_{stk}（N/mm²）
HPB300	Φ	6～14	300	420
HPB335	Φ	6～14	335	455
HPB400 HPBF400 RRB400	Φ Φ^F Φ^R	6～50	400	540
HPB500 HPBF500	Φ Φ^F	6～50	500	630

4. 钢筋保护层

（1）混凝土保护层是指混凝土结构构件中，最外层钢筋的外缘至混凝土表面之间的混凝土层，简称保护层。

（2）混凝土结构中，钢筋混凝土是由钢筋和混凝土两种不同材料组成的复合材料，两种材料具有良好的粘结性能是它们共同工作的基础。从钢筋粘结锚固角度对混凝土保护层提出要求，是为了保证钢筋与其周围混凝土能共同工作，并使钢筋充分发挥计算所需强度。

（3）钢筋裸露在大气或者其他介质中，容易受蚀生锈，使得钢筋的有效截面减少，影响结构受力。因此需要根据耐久性要求，规定不同使用环境的混凝土保护层最小厚度，以保证构件在设计使用年限内钢筋不发生降低结构可靠度的锈蚀。

（4）有防火要求的钢筋混凝土梁、板及预应力构件，对混凝土保护层提出要求，是为了保证构件在火灾中按建筑物的耐火等级确定的耐火极限时间里，不会失去支持能力。钢筋保护层的设计施工，应符合国家现行相关标准的要求。

（5）《混凝土结构设计规范》GB 50010 第 8.2.1 条规定，构件中普通钢筋及预应力钢筋的混凝土保护层厚度应满足下列要求。

①构件中受力钢筋的保护层厚度不应小于钢筋的直径 d。

②设计使用年限为 50 年的混凝土结构，最外层钢筋的保护层厚度应符合表 1－10 的规定；设计使用年限为 100 年的混凝土结构，最外层钢筋的保护层厚度不应小于表 1－10 中数值的 1.4 倍。

表 1－10　　　　　混凝土保护层的最小厚度 c　　　　单位：mm

环境类别	板、墙、壳	梁、柱、杆
一	15	20
二 a	20	25
二 b	25	35
三 a	30	40
三 b	40	50

注：①混凝土强度等级不大于 C25 时，表中保护层厚度数值应增加 5mm；

②钢筋混凝土基础宜设置混凝土垫层，基础中钢筋的混凝土保护层厚度应从垫层顶面算起，且不应小于 40mm。

五、其他配件

1. 保温板

XPS 保温板就是挤塑式聚苯乙烯隔热保温板，它是以聚苯乙烯树脂为原料，加上其他的原辅料与聚合物，通过加热混合，同时注入催化剂，然后挤塑压出成型而制造的硬质泡沫塑料板。它的学名为绝热用挤塑聚苯乙烯泡沫塑料，简称 XPS（见图 1－25）。

XPS 保温板具有保温隔热；高强度抗压；憎水防潮；质地轻、使用方便；稳定性及防腐性好；产品环保等性能特点。

图 1 – 25 　 XPS 保温板

2. 灌浆套筒

灌浆套筒是由专门加工的套筒、配套灌浆料和钢筋组装的组合体，在连接钢筋时通过注入快硬无收缩灌浆料，依靠材料之间的黏结咬合作用连接钢筋与套筒。套筒灌浆接头具有性能可靠、适用性广、安装简便等优点。

现浇混凝土结构中常用的纵向钢筋连接方式有绑扎搭接、焊接连接以及机械连接等，由于装配式混凝土结构的连接部位较小，采用这些传统的钢筋连接方式不便于施工。20 世纪 60 年代，余占疏博士在美国发明了钢筋套筒灌浆连接接头，很好地解决了装配式结构中的纵向钢筋连接问题，有效地实现了"装配等同现浇"的设计要求。

套筒灌浆接头所使用的套筒一般由球墨铸铁或优质碳素结构钢铸造而成，其形状大多为圆柱形或纺锤形。灌浆料是一种以水泥为基本材料，配以适当的细骨料以及少量的混凝土外加剂和其他材料组成的干混料，加水搅拌后具有大流动度、早强、高强、微膨胀等性能。

国内外已有很多种套筒灌浆接头，且形式多种多样，但按套筒的形式，总体上可分为全套筒灌浆接头和半套筒灌浆接头两大类（见图 1 – 26 至图 1 – 27）。

图 1 - 26 半套筒灌浆接头

图 1 - 27 全套筒灌浆接头

3. 保温拉结件

保温拉结件是制作夹心保温外墙板的关键产品。常用的保温拉结件有 GFRP 拉结件和金属拉结件两类。GFRP 拉结件导热性远低于金属,是目前应用较多的拉结件,如图 1 - 28 所示。

图 1 - 28 GFRP 拉结件

第五节
相关标准规范介绍

一、装配式混凝土建筑常用的标准规范及图集

1. 标准规范

(1)《混凝土结构工程施工规范》GB 50666。

(2)《混凝土结构工程施工质量验收规范》GB 50204。

(3)《装配式混凝土建筑技术标准》GB/T 51231。

(4)《装配式混凝土结构技术规程》JGJ 1。

(5)《装配式建筑评价标准》GB/T 51129。

(6)《装配式混凝土建筑施工规程》T/CCIAT 0001。

(7)《装配式住宅建筑设计标准》JGJ/T 398。

(8)《预制带肋底板混凝土叠合楼板技术规程》JGJ/T 258。

(9)《钢筋套筒灌浆连接应用技术规程》JGJ 355。

(10)《钢筋连接用灌浆套筒》JG/T 398。

(11)《钢筋机械连接技术规程》JGJ 107。

2. 图集

(1)15G366—1《桁架钢筋混凝土叠合板（60mm 厚底板）》。

(2)15G367—1《预制钢筋混凝土板式楼梯》。

(3)15G368—1《预制钢筋混凝土阳台板、空调板及女儿墙》。

(4)15G365—1《预制混凝土剪力墙外墙板》。

(5)15G365—2《预制混凝土剪力墙内墙板》。

（6）15G107—1《装配式混凝土结构表示方法及示例（剪力墙结构）》。

（7）15G310—1《装配式混凝土结构连接节点构造（楼盖结构和楼梯）》。

（8）15G310—2《装配式混凝土结构连接节点构造（剪力墙结构）》。

（9）15J939—1《装配式混凝土结构住宅建筑设计示例（剪力墙结构）》。

（10）16G906《装配式混凝土剪力墙结构住宅施工工艺图解》。

（11）16G116—1《装配式混凝土结构预制构件选用目录（一）》。

二、《混凝土结构工程施工质量验收规范》GB 50204 中相关规定

在《混凝土结构工程施工质量验收规范》GB 50204 中，针对装配式结构分项工程有如下规定。

（一）一般规定

（1）装配式结构连接节点及叠合构件浇筑混凝土之前，应进行隐蔽工程验收。隐蔽工程验收应包括下列主要内容。

①混凝土粗糙面的质量，键槽的尺寸、数量、位置。

②钢筋的牌号、规格、数量、位置、间距，箍筋弯钩的弯折角度及平直段长度。

③钢筋的连接方式、接头位置、接头数量、接头面积百分率、搭接长度、锚固方式及锚固长度。

④预埋件、预留管线的规格、数量、位置。

（2）装配式结构的接缝施工质量及防水性能应符合设计要求和国家现行相关标准的要求。

（二）预制构件

1. 主控项目

（1）预制构件的质量应符合本规范、国家现行相关标准的规

定和设计的要求。

　　检查数量：全数检查。

　　检验方法：检查质量证明文件或质量验收记录。

　　（2）混凝土预制构件专业企业生产的预制构件进场时，预制构件结构性能检验应符合下列规定。

　　①梁板类简支受弯预制构件进场时应进行结构性能检验，并应符合下列规定。

　　A. 结构性能检验应符合国家现行相关标准的有关规定及设计的要求，检验要求和试验方法应符合规范附录的相关规定。

　　B. 钢筋混凝土构件和允许出现裂缝的预应力混凝土构件应进行承载力、挠度和裂缝宽度检验；不允许出现裂缝的预应力混凝土构件应进行承载力、挠度和抗裂检验。

　　C. 对大型构件及有可靠应用经验的构件，可只进行裂缝宽度、抗裂和挠度检验。

　　D. 对使用数量较少的构件，当能提供可靠依据时，可不进行结构性能检验。

　　②对其他预制构件，除设计有专门要求外，进场时可不做结构性能检验。

　　③对进场时不做结构性能检验的预制构件，应采取下列措施。

　　A. 施工单位或监理单位代表应驻厂监督制作过程。

　　B. 当无驻厂监督时，预制构件进场时应对预制构件主要受力钢筋数量、规格、间距及混凝土强度等进行实体检验。

　　检验数量：每批进场不超过 1000 个同类型①预制构件为一批，在每批中应随机抽取一个构件进行检验。

　　检验方法：检查结构性能检验报告或实体检验报告。

　　（3）预制构件的外观质量不应有严重缺陷，且不应有影响结

---

　　① 注："同类型"是指同一钢种、同一混凝土强度等级、同一生产工艺和同一结构形式。抽取预制构件时，宜从设计荷载最大、受力最不利或生产数量最多的预制构件中抽取。

构性能和安装、使用功能的尺寸偏差。

检查数量：全数检查。

检验方法：观察，尺量检查。

（4）预制构件上的预埋件、预留插筋、预埋管线等的材料质量、规格和数量以及预留孔、预留洞的数量应符合设计要求。

检查数置：全数检查。

检验方法：观察。

2. 一般项目

（1）预制构件应有标识。

检查数量：全数检查。

检验方法：观察。

（2）预制构件的外观质量不应有一般缺陷。

检查数量：全数检查。

检验方法：观察，检查处理记录。

（3）预制构件的尺寸偏差及检验方法应符合表 1-11 的规定；设计有专门规定时，尚应符合设计要求，施工过程中临时使用的预埋件，其中心线位置允许偏差可取表 1-11 中规定数值的 2 倍。

检查数量：同一类型的构件，不超过 100 件为一批，每批应抽查构件数量的 5%，且不应少于 3 件。

表 1-11　　　　　预制构件尺寸的允许偏差及检验方法

项目			允许偏差（mm）	检验方法
长度	楼板、梁、柱、桁架	<12m	±5	尺量
		≥12m 且 <18m	±10	
		≥18m	±20	
	墙板		±4	
宽度、高（厚）度	楼板、梁、柱、桁架		±5	尺量一端及中部，取其中偏差绝对值
	墙板		±4	

续表

项目		允许偏差（mm）	检验方法
表面平整度	楼板、梁、柱、墙板内表面	5	2m靠尺和塞尺量测
	墙板外表面	3	
侧向弯曲	楼板、梁、柱	L/750 且≤20	拉线、直尺量测，最大侧向弯曲处
	墙板、桁架	L/1000 且≤20	
翘曲	楼板	L/750	调平尺在两端量测
	墙板	L/1000	
对角线	楼板	10	尺量两个对角线
	墙板	5	
预留孔	中心线位置	5	尺量
	孔尺寸	±5	
预留洞	中心线位置	10	尺量
	洞口尺寸、深度	±10	
预埋件	顶埋板中心线位置	5	尺量
	预埋板与混凝土面平面高差	0，−5	
	预埋螺栓	2	
	预埋螺栓外露长度	+10，−5	
	预埋套筒、螺母中心线位置	2	
	预埋套筒、螺母与混凝土面平面高差	±5	
预留插筋	中心线位置	5	尺量
	外露长度	+10，−5	
键槽	中心线位置	5	尺量
	长度、宽度	±5	
	深度	±10	

注：①L为构件长度，单位为mm；

②检查中心线、螺栓和孔道位置偏差时，沿纵、横两个方向量测，并取其中偏差较大值。

（4）预制构件的粗糙面的质量及键槽的数量应符合设计要求。

检查数量：全数检查。

检验方法：观察。

三、《装配式混凝土建筑技术标准》GB 51231 相关规定

在《装配式混凝土建筑技术标准》GB 51231 中，针对生产运输有如下规定。

1. 一般规定

（1）生产单位应具备保证产品质量要求的生产工艺设施、试验检测条件，建立完善的质量管理体系和制度，并宜建立质量可追溯的信息化管理系统。

（2）预制构件生产前，应由建设单位组织设计、生产、施工单位进行设计文件交底和会审。必要时，应根据批准的设计文件、拟定的生产工艺、运输方案、吊装方案等编制加工详图。

（3）预制构件生产前应编制生产方案，生产方案宜包括生产计划及生产工艺、模具方案及计划、技术质量控制措施、成品存放、运输和保护方案等。

（4）生产单位的检测、试验、张拉、计量等设备及仪器仪表均应检定合格，并应在有效期内使用。不具备试验能力的检验项目，应委托第三方检测机构进行试验。

（5）预制构件生产宜建立首件验收制度。

（6）预制构件的原材料质量、钢筋加工和连接的力学性能、混凝土强度、构件结构性能、装饰材料、保温材料及拉结件的质量等均应根据国家现行有关标准进行检查和检验，并应具有生产操作规程和质量检验记录。

（7）预制构件生产的质量检验应按模具、钢筋、混凝土、预应力、预制构件等检验进行。预制构件的质量评定应根据钢筋、混

凝土、预应力、预制构件的试验、检验资料等项目进行。当上述各检验项目的质量均合格时，方可评定为合格产品。

（8）预制构件和部品生产中采用新技术、新工艺、新材料、新设备时，生产单位应制定专门的生产方案；必要时进行样品试制，经检验合格后方可实施。

（9）预制构件和部品经检查合格后，宜设置表面标识。预制构件和部品出厂时，应出具质量证明文件。

2. 原材料及配件

（1）原材料及配件应按照国家现行有关标准、设计文件及合同约定进行进场检验。检验批划分应符合下列规定。

①预制构件生产单位将采购的同一厂家同批次材料、配件及半成品用于生产不同工程的预制构件时，可统一划分检验批。

②获得认证的或来源稳定且连续三批均一次检验合格的原材料及配件，进场检验时检验批的容量可按本标准的有关规定扩大一倍，且检验批容量仅可扩大一倍。扩大检验批后的检验中，出现不合格情况时，应按扩大前的检验批容量重新验收，且该种原材料或配件不得再次扩大检验批容量。

（2）钢筋进场时，应全数检查外观质量，并应按国家现行有关标准的规定抽取试件做屈服强度、抗拉强度、伸长率、弯曲性能和重量偏差检验，检验结果应符合相关标准的规定，检查数量应按进场批次和产品的抽样检验方案确定。

（3）成型钢筋进场检验应符合下列规定。

①同一厂家、同一类型且同一钢筋来源的成型钢筋，不超过30t为一批，每批中每种钢筋牌号、规格均应至少抽取1个钢筋试件，总数不应少于3个，进行屈服强度、抗拉强度、伸长率、外观质量、尺寸偏差和重量偏差检验，检验结果应符合国家现行有关标准的规定。

②对由热轧钢筋组成的成型钢筋，当有企业或监理单位的代表

驻厂监督加工过程并能提供原材料力学性能检验报告时，可仅进行重量偏差检验。

③成型钢筋尺寸允许偏差应符合本节第 4 点第 3 项的规定。

（4）预应力筋进场时，应全数检查外观质量，并应按国家现行相关标准的规定抽取试件做抗拉强度、伸长率检验，其检验结果应符合相关标准的规定，检查数量应按进场的批次和产品的抽样检验方案确定。

（5）预应力筋锚具、夹具和连接器进场检验应符合下列规定。

①同一厂家、同一型号、同一规格且同一批号的锚具不超过 2000 套为一批，夹具和连接器不超过 500 套为一批。

②每批随机抽取 2% 的锚具（夹具或连接器）且不少于 10 套进行外观质量和尺寸偏差检验，每批随机抽取 3% 的锚具（夹具或连接器）且不少于 5 套对有硬度要求的零件进行硬度检验，经上述两项检验合格后，应从同批锚具中随机抽取 6 套锚具（夹具或连接器）组成 3 个预应力锚具组装件，进行静载锚固性能试验。

③对于锚具用量较少的一般工程，如锚具供应商提供了有效的锚具静载锚固性能试验合格的证明文件，可仅进行外观检查和硬度检验。

④检验结果应符合现行行业标准《预应力筋用锚具、夹具和连接器应用技术规程》JGJ 85 的有关规定。

（6）水泥进场检验应符合下列规定。

①同一厂家、同一品种、同一代号、同一强度等级且连续进场的硅酸盐水泥，袋装水泥不超过 200t 为一批，散装水泥不超过 500t 为一批；按批抽取试样进行水泥强度、安定性和凝结时间检验，设计有其他要求时，尚应对相应的性能进行试验，检验结果应符合现行国家标准《通用硅酸盐水泥》GB 175 的有关规定。

②同一厂家、同一强度等级、同白度且连续进场的白色硅酸盐水泥，不超过 50t 为一批；按批抽取试样进行水泥强度、安定性和凝结时间检验，设计有其他要求时，尚应对相应的性能进行试验，

检验结果应符合现行国家标准《白色硅酸盐水泥》GB/T 2015 的有关规定。

（7）矿物掺合料进场检验应符合下列规定。

①同一厂家、同一品种、同一技术指标的矿物掺合料，粉煤灰和粒化高炉矿渣粉不超过 200t 为一批，硅灰不超过 30t 为一批。

②按批抽取试样进行细度（比表面积）、需水量比（流动度比）和烧失量（活性指数）试验；设计有其他要求时，尚应对相应的性能进行试验；检验结果应分别符合现行国家标准《用于水泥和混凝土中的粉煤灰》GB/T 1596、《用于水泥和混凝土中的粒化高炉矿渣粉》GB/T 18046 和《砂浆和混凝土用硅灰》GB/T 27690 的有关规定。

（8）减水剂进场检验应符合下列规定。

①同一厂家、同一品种的减水剂，掺量大于 1%（含 1%）的产品不超过 100t 为一批，掺量小于 1% 的产品不超过 50t 为一批。

②按批抽取试样进行减水率、1d 抗压强度比、固体含量、含水率、pH 值和密度试验。

③检验结果应符合国家现行标准《混凝土外加剂》GB 8076、《混凝土外加剂应用技术规范》GB 50119 和《聚羧酸系高性能减水剂》JG/T 223 的有关规定。

（9）骨料进场检验应符合下列规定。

①同一厂家（产地）且同一规格的骨料，不超过 400m³ 或 600t 为一批。

②天然细骨料按批抽取试样进行颗粒级配、细度模数含泥量和泥块含量试验；机制砂和混合砂应进行石粉含量（含亚甲蓝）试验；再生细骨料还应进行微粉含量、再生胶砂需水量比和表观密度试验。

③天然粗骨料按批抽取试样进行颗粒级配、含泥量、泥块含量和针片状颗粒含量试验，压碎指标可根据工程需要进行检验；再生粗骨料应增加微粉含量、吸水率、压碎指标和表观密度试验。

④检验结果应符合国家现行标准《普通混凝土用砂、石质量及检验方法标准》JGJ 52、《混凝土用再生粗骨料》GB/T 25177 和《混凝土和砂浆用再生细骨料》GB/T 25176 的有关规定。

（10）轻集料进场检验应符合下列规定。

①同一类别、同一规格且同密度等级，不超过200m³ 为一批。

②轻细集料按批抽取试样进行细度模数和堆积密度试验，高强轻细集料还应进行强度标号试验。

③轻粗集料按批抽取试样进行颗粒级配、堆积密度、粒形系数、筒压强度和吸水率试验，高强轻粗集料还应进行强度标号试验。

④检验结果应符合现行国家标准《轻集料及其试验方法 第1部分：轻集料》GB/T 17431.1 的有关规定。

（11）混凝土拌制及养护用水应符合现行行业标准《混凝土用水标准》JGJ 63 的有关规定，并应符合下列规定。

①采用饮用水时，可不检验。

②采用中水、搅拌站清洗水或回收水时，应对其成分进行检验，同一水源每年至少检验一次。

（12）钢纤维和有机合成纤维应符合设计要求，进场检验应符合下列规定。

①用于同一工程的相同品种且相同规格的钢纤维，不超过20t 为一批，按批抽取试样进行抗拉强度、弯折性能、尺寸偏差和杂质含量试验。

②用于同一工程的相同品种且相同规格的合成纤维，不超过50t 为一批，按批抽取试样进行纤维抗拉强度、初始模量、断裂伸长率、耐碱性能、分散性相对误差和混凝土抗压强度比试验，增韧纤维还应进行韧性指数和抗冲击次数比试验。

③检验结果应符合现行行业标准《纤维混凝土应用技术规程》JGJ/T 221 的有关规定。

（13）脱模剂应符合下列规定。

①脱模剂应无毒、无刺激性气味，不应影响混凝土性能和预制

构件表面装饰效果。

②脱模剂应按照使用品种，选用前及正常使用后每年进行一次匀质性和施工性能试验。

③检验结果应符合现行行业标准《混凝土制品用脱模剂》JC/T 949 的有关规定。

（14）保温材料进场检验应符合下列规定。

①同一厂家、同一品种且同一规格，不超过 5000m² 为一批。

②按批抽取试样进行导热系数、密度、压缩强度、吸水率和燃烧性能试验。

③检验结果应符合设计要求和国家现行相关标准的有关规定。

（15）预埋吊件进场检验应符合下列规定。

①同一厂家、同一类别、同一规格预埋吊件，不超过 10000 件为一批。

②按批抽取试样进行外观尺寸、材料性能、抗拉拔性能等试验。

③检验结果应符合设计要求。

（16）内外叶墙体拉结件进场检验应符合下列规定。

①同一厂家、同一类别、同一规格产品，不超过 10000 件为一批。

②按批抽取试样进行外观尺寸、材料性能、力学性能检验，检验结果应符合设计要求。

（17）灌浆套筒和灌浆料进场检验应符合行业标准《钢筋套筒灌浆连接应用技术规程》JGJ 355 的有关规定。

（18）钢筋浆锚连接用镀锌金属波纹管进场检验应符合下列规定。

①应全数检查外观质量，其外观应清洁，内外表面应无锈蚀、油污、附着物、孔洞，不应有不规则褶皱，咬口应无开裂、脱扣。

②应进行径向刚度和抗渗漏性能检验，检查数量应按进场的批次和产品的抽样检验方案确定。

③检验结果应符合行业标准《预应力混凝土用金属波纹管》JG 225 的规定。

3. 模具

（1）预制构件生产应根据生产工艺、产品类型等制定模具方案，应建立健全模具验收、使用制度。

（2）模具应具有足够的强度、刚度和整体稳固性，并应符合下列规定。

①模具应装拆方便，并应满足预制构件质量、生产工艺和周转次数等要求。

②结构造型复杂、外形有特殊要求的模具应制作样板，经检验合格后方可批量制作。

③模具各部件之间应连接牢固，接缝应紧密，附带的埋件或工装应定位准确，安装牢固。

④用作底模的台座、胎模、地坪及铺设的底板等应平整光洁，不得有下沉、裂缝、起砂和起鼓。

⑤模具应保持清洁，涂刷脱模剂、表面缓凝剂时应均匀、无漏刷、无堆积，且不得沾污钢筋，不得影响预制构件外观效果。

⑥应定期检查侧模、预埋件和预留孔洞定位措施的有效性；应采取防止模具变形和锈蚀的措施；重新启用的模具应检验合格后方可使用。

⑦模具与平模台间的螺栓、定位销、磁盒等固定方式应可靠，防止混凝土振捣成型时造成模具偏移和漏浆。

（3）除设计有特殊要求外，预制构件模具尺寸允许偏差和检验方法应符合表 1 – 12 的规定。

（4）构件上的预埋件和预留孔洞宜通过模具进行定位，并安装牢固，其安装允许偏差应符合表 1 – 13 的规定。

表1-12　　　预制构件模具尺寸允许偏差和检验方法

项次	检验项目、内容		允许偏差（mm）	检验方法
1	长度	<6m	1，-2	用尺量平行构件高度方向，取其中偏差绝对值较大处
		>6m 且<12m	2，-4	
		>12m	3，-5	
2	截面尺寸	墙板	1，-2	用尺测量两端或中部，取其中偏差绝对值较大处
3		其他构件	2，-4	
4	底模表面平整度		2	用2m靠尺和塞尺量
5	对角线差		3	用尺量对角线
6	侧向弯曲		L/1500 且≤5	拉线，用钢尺量测侧向弯曲最大处
7	翘曲		L/1500	对角拉线测量交点间距离值的两倍
8	组装缝隙		1	用塞片或塞尺量测，取最大值
9	端模与侧模高低差		1	用钢尺量

注：L为模具与混凝土接触面中最长边的尺寸。

表1-13　　　模具上预埋件、预留孔洞安装允许偏差

项次	检验项目		允许偏差（mm）	检验方法
1	预埋钢板、建筑幕墙用槽式预埋组件	中心线位置	3	用尺量测纵横两个方向的中心线位置，取其中较大值
		平面高差	±2	钢直尺和塞尺检查
2	预埋管、电线盒、电线管水平和垂直方向的中心线位置偏移、预留孔、浆锚搭接预留孔（或波纹管）		2	用尺量测纵横两个方向的中心线位置，取其中较大值
3	插筋	中心线位置	3	用尺量测纵横两个方向的中心线位置，取其中较大值
		外露长度	+10，0	用尺量测
4	吊环	中心线位置	3	用尺量测纵横两个方向的中心线位置，取其中较大值
		外露长度	0，-5	用尺量测

续表

项次	检验项目		允许偏差（mm）	检验方法
5	预埋螺栓	中心线位置	2	用尺量测纵横两个方向的中心线位置，取其中较大值
		外露长度	+5, 0	用尺量测
6	预埋螺母	中心线位置	2	用尺量测纵横两个方向的中心线位置，取其中较大值
		平面高差	±1	钢直尺和塞尺检查
7	预留洞	中心线位置	3	用尺量测纵横两个方向的中心线位置，取其中较大值
		尺寸	+3, 0	用尺量测纵横两个方向尺寸，取其中较大值
8	灌浆套筒及连接钢筋	灌浆套筒中心线位置	1	用尺量测纵横两个方向的中心线位置，取其中较大值
		连接钢筋中心线位置	1	用尺量测纵横两个方向的中心线位置，取其中较大值
		连接钢筋外露长度	+5, 0	用尺量测

　　（5）预制构件中预埋门窗框时，应在模具上设置限位装置进行固定，并应逐件检验。门窗框安装允许偏差和检验方法应符合表1－14的规定。

表1－14　　　　　　门窗框安装允许偏差和检验方法

项目		允许偏差（mm）	检验方法
锚固脚片	中心线位置	5	钢尺检查
	外露长度	+5, 0	钢尺检查
门窗框位置		2	钢尺检查
门窗框高、宽		2	钢尺检查

续表

项目	允许偏差（mm）	检验方法
门窗框对角线	±2	钢尺检查
门窗框的平整度	2	靠尺检查

4. 钢筋及预埋件

（1）钢筋宜采用自动化机械设备加工，并应符合国家标准《混凝土结构工程施工规范》GB 50666 的有关规定。

（2）钢筋连接除应符合国家标准《混凝土结构工程施工规范》GB 50666 的有关规定外，尚应符合下列规定。

①钢筋接头的方式、位置、同一截面受力钢筋的接头百分率、钢筋的搭接长度及锚固长度等应符合设计要求或国家现行有关标准的规定。

②钢筋焊接接头、机械连接接头和套筒灌浆连接接头均应进行工艺检验，试验结果合格后方可进行预制构件生产。

③螺纹接头和半灌浆套筒连接接头应使用专用扭力扳手拧紧至规定扭力值。

④钢筋焊接接头和机械连接接头应全数检查外观质量。

⑤焊接接头、钢筋机械连接接头、钢筋套筒灌浆连接接头力学性能应符合现行行业标准《钢筋焊接及验收规程》JGJ 18、《钢筋机械连接技术规程》JGJ 107 和《钢筋套筒灌浆连接应用技术规程》JGJ 355 的有关规定。

（3）钢筋半成品、钢筋网片、钢筋骨架和钢筋桁架应检查合格后方可进行安装，并应符合下列规定。

①钢筋表面不得有油污，不应严重锈蚀。

②钢筋网片和钢筋骨架宜采用专用吊架进行吊运。

③混凝土保护层厚度应满足设计要求。保护层垫块宜与钢筋骨架或网片绑扎牢固，按梅花状布置，间距满足钢筋限位及控制变形要求，钢筋绑扎丝甩扣应弯向构件内侧。

④钢筋成品尺寸的允许偏差应符合表1-15的规定，钢筋桁架尺寸的允许偏差应符合表1-16的规定。

表1-15　　　　　　　　钢筋成品尺寸的允许偏差和检验方法

	项目	允许偏差（mm）	检验方法
钢筋网片	长、宽	±5	钢尺检查
	网眼尺寸	±10	钢尺量连续三挡，取最大值
	对角线	5	钢尺检查
	端头不齐	5	钢尺检查
钢筋骨架	长	0，-5	钢尺检查
	宽	±5	钢尺检查
	高（厚）	±5	钢尺检查
	主筋间距	±10	钢尺量两端、中间各一点，取最大值
	主筋排距	±5	钢尺量两端、中间各一点，取最大值
	箍筋间距	±10	钢尺量连续三挡，取最大值
	弯起点位置	15	钢尺检查
	端头不齐	5	钢尺检查
	保护层　柱、梁	±5	钢尺检查
	保护层　板、墙	±3	钢尺检查

表1-16　　　　　　　　钢筋桁架尺寸的允许偏差

项次	检验项目	允许偏差（mm）
1	长度	总长度的±0.3%，且不超过±10
2	高度	+1，-3
3	宽度	±5
4	扭翘	≤5

（4）预埋件用钢材及焊条的性能应符合设计要求。预埋件加工允许偏差应符合表1-17的规定。

表 1 – 17 预埋件加工允许偏差

项次	检验项目		允许偏差（mm）	检验方法
1	预埋件锚板的边长		0，－5	用钢尺量测
2	预埋件锚板的平整度		1	用直尺和塞尺量测
3	锚筋	长度	10，－5	用钢尺量测
		间距偏差	±10	用钢尺量测

5. 预应力构件

（1）预制预应力构件生产应编制专项方案，并应符合现行国家标准《混凝土结构工程施工规范》GB 50666 的有关规定。

（2）预应力张拉台座应进行专项施工设计，并应具有足够的承载力、刚度及整体稳固性，应能满足各阶段施工荷载和施工工艺的要求。

（3）预应力筋下料应符合下列规定。

①预应力筋的下料长度应根据台座的长度、锚夹具长度等经过计算确定。

②预应力筋应使用砂轮锯或切断机等机械方法切断，不得采用电弧或气焊切断。

（4）钢丝镦头及下料长度偏差应符合下列规定。

①镦头的头型直径不宜小于钢丝直径的 1.5 倍，高度不宜小于钢丝直径。

②镦头不应出现横向裂纹。

③当钢丝束两端均采用镦头锚具时，同一束中各根钢丝长度的极差不应大于钢丝长度的 1/5000，且不应大于 5mm；当成组张拉长度不大于 10m 的钢丝时，同组钢丝长度的极差不得大于 2mm。

（5）预应力筋的安装、定位和保护层厚度应符合设计要求。模外张拉工艺的预应力筋保护层厚度可用梳筋条槽口深度或端头垫板厚度控制。

（6）预应力筋张拉设备及压力表应定期维护和标定，并应符合下列规定。

①张拉设备和压力表应配套标定和使用，标定期限不应超过半年；当使用过程中出现反常现象或张拉设备检修后，应重新标定。

②压力表的量程应大于张拉工作压力读值，压力表的精确度等级不应低于 1.6 级。

③标定张拉设备用的试验机或测力计的测力示值不确定度不应大于 1.0%。

④张拉设备标定时，千斤顶活塞的运行方向应与实际张拉工作状态一致。

（7）预应力筋的张拉控制应力应符合设计及专项方案的要求。当需要超张拉时，调整后的张拉控制应力 σ_{con} 应符合下列规定。

①消除应力钢丝、钢绞线 $\sigma_{con} \leqslant 0.80 f_{ptk}$；

②中强度预应力钢丝 $\sigma_{con} \leqslant 0.75 f_{ptk}$；

③预应力螺纹钢筋 $\sigma_{con} \leqslant 0.90 f_{pyk}$；

式中：σ_{con}——预应力筋张拉控制应力；

f_{ptk}——预应力筋极限强度标准值；

f_{pyk}——预应力螺纹钢筋屈服强度标准值。

（8）采用应力控制方法张拉时，应校核最大张拉力下预应力筋伸长值。实测伸长值与计算伸长值的偏差应控制在 ±6% 之内，否则应查明原因并采取措施后再张拉。

（9）预应力筋的张拉应符合设计要求，并应符合下列规定。

①应根据预制构件受力特点、施工方便及操作安全等因素确定张拉顺序。

②宜采用多根预应力筋整体张拉；单根张拉时应采取对称和分级方式，按照校准的张拉力控制张拉精度，以预应力筋的伸长值作为校核。

③对预制屋架等平卧叠浇构件，应从上而下逐榀张拉。

④预应力筋张拉时，应从零拉力加载至初拉力后，量测伸长值

初读数，再以均匀速率加载至张拉控制力。

⑤张拉过程中应避免预应力筋断裂或滑脱。

⑥预应力筋张拉锚固后，应对实际建立的预应力值与设计给定值的偏差进行控制；应以每工作班为一批，抽查预应力筋总数的1%，且不少于3根。

（10）预应力筋放张应符合设计要求，并应符合下列规定。

①预应力筋放张时，混凝土强度应符合设计要求，且同条件养护的混凝土立方体抗压强度不应低于设计混凝土强度等级值的75%；采用消除应力钢丝或钢绞线作为预应力筋的先张法构件，尚不应低于30MPa。

②放张前，应将限制构件变形的模具拆除。

③宜采取缓慢放张工艺进行整体放张。

④对受弯或偏心受压的预应力构件，应先同时放张预压应力较小区域的预应力筋，再同时放张预压应力较大区域的预应力筋。

⑤单根放张时，应分阶段、对称且相互交错放张。

⑥放张后，预应力筋的切断顺序，宜从放张端开始逐次切向另一端。

6. 成型、养护及脱模

（1）浇筑混凝土前应进行钢筋、预应力的隐蔽工程检查。隐蔽工程检查项目应包括下列内容。

①钢筋的牌号、规格、数量、位置和间距。

②纵向受力钢筋的连接方式、接头位置、接头质量、接头面积百分率、搭接长度、锚固方式及锚固长度。

③箍筋弯钩的弯折角度及平直段长度。

④钢筋的混凝土保护层厚度。

⑤预埋件、吊环、插筋、灌浆套筒、预留孔洞、金属波纹管的规格、数量、位置及固定措施。

⑥预埋线盒和管线的规格、数量、位置及固定措施。

⑦夹芯外墙板的保温层位置和厚度，拉结件的规格、数量和位置。

⑧预应力筋及其锚具、连接器和锚垫板的品种、规格、数量、位置。

⑨预留孔道的规格、数量、位置，灌浆孔、排气孔、锚固区局部加强构造。

（2）混凝土工作性能指标应根据预制构件产品特点和生产工艺确定，混凝土配合比设计应符合国家现行标准《普通混凝土配合比设计规程》JGJ 55 和《混凝土结构工程施工规范》GB 50666 的有关规定。

（3）混凝土应采用有自动计量装置的强制式搅拌机搅拌，并具有生产数据逐盘记录和实时查询功能。混凝土应按照混凝土配合比通知单进行生产，原材料每盘称量的允许偏差应符合表 1-18 的规定。

表 1-18　　　　　　　混凝土原材料每盘称量的允许偏差

项次	材料名称	允许偏差
1	胶凝材料	±2%
2	粗、细骨料	±3%
3	水、外加剂	±1%

（4）混凝土应进行抗压强度检验，并应符合下列规定。

①混凝土检验试件应在浇筑地点取样制作。

②每拌制 100 盘且不超过 100m³ 的同一配合比混凝土，每工作班拌制的同一配合比的混凝土不足 100 盘为一批。

③每批制作强度检验试块不少于 3 组、随机抽取 1 组进行同条件转标准养护后进行强度检验，其余可作为同条件试件在预制构件脱模和出厂时控制其混凝土强度；还可根据预制构件吊装、张拉和放张等要求，留置足够数量的同条件混凝土试块进行强度检验。

④蒸汽养护的预制构件，其强度评定混凝土试块应随同构件蒸养后，再转入标准条件养护。构件脱模起吊、预应力张拉或放张的混凝土同条件试块，其养护条件应与构件生产中采用的养护条件相同。

⑤除设计有要求外，预制构件出厂时的混凝土强度不宜低于设计混凝土强度等级值的75%。

（5）带面砖或石材饰面的预制构件宜采用反打一次成型工艺制作，并应符合下列规定。

①应根据设计要求选择面砖的大小、图案、颜色，背面应设置燕尾槽或确保连接性能可靠的构造。

②面砖入模铺设前，宜根据设计排板图将单块面砖制成面砖套件，套件的长度不宜大于600mm，宽度不宜大于300mm。

③石材入模铺设前，宜根据设计排板图的要求进行配板和加工，并应提前在石材背面安装不锈钢锚固拉钩和涂刷防泛碱处理剂。

④应使用柔韧性好、收缩小、具有抗裂性能且不污染饰面的材料嵌填面砖或石材间的接缝，并应采取防止面砖或石材在安装钢筋及浇筑混凝土等工序中出现位移的措施。

（6）带保温材料的预制构件宜采用水平浇筑方式成型。夹芯保温墙板成型尚应符合下列规定。

①拉结件的数量和位置应满足设计要求。

②应采取可靠措施保证拉结件位置、保护层厚度，保证拉结件在混凝土中可靠锚固。

③应保证保温材料间拼缝严密或使用粘结材料密封处理。

④在上层混凝土浇筑完成之前，下层混凝土不得初凝。

（7）混凝土浇筑应符合下列规定。

①混凝土浇筑前，预埋件及预留钢筋的外露部分宜采取防止污染的措施。

②混凝土倾落高度不宜大于600mm，并应均匀摊铺。

③混凝土浇筑应连续进行。

④混凝土从出机到浇筑完毕的延续时间，气温高于25℃时不宜超过60min，气温不高于25℃时不宜超过90min。

（8）混凝土振捣应符合下列规定。

①混凝土宜采用机械振捣方式成型。振捣设备应根据混凝土的品种、工作性、预制构件的规格和形状等因素确定，应制定振捣成型操作规程。

②当采用振捣棒时，混凝土振捣过程中不应碰触钢筋骨架、面砖和预埋件。

③混凝土振捣过程中应随时检查模具有无漏浆、变形或预埋件有无移位等现象。

（9）预制构件粗糙面成型应符合下列规定。

①可采用模板面预涂缓凝剂工艺，脱模后采用高压水冲洗露出骨料。

②叠合面粗糙面可在混凝土初凝前进行拉毛处理。

（10）预制构件养护应符合下列规定。

①应根据预制构件特点和生产任务量选择自然养护、自然养护加养护剂或加热养护方式。

②混凝土浇筑完毕或压面工序完成后应及时覆盖保湿，脱模前不得揭开。

③涂刷养护剂应在混凝土终凝后进行。

④加热养护可选择蒸汽加热、电加热或模具加热等方式。

⑤加热养护制度应通过试验确定，宜采用加热养护温度自动控制装置。宜在常温下预养护2～6h，升温、降温速度不宜超过20℃/h，最高养护温度不宜超过70℃。预制构件脱模时的表面温度与环境温度的差值不宜超过25℃。

⑥夹芯保温外墙板最高养护温度不宜大于60℃。

（11）预制构件脱模起吊时的混凝土强度应计算确定，且不宜小于15MPa。

7. 预制构件检验

（1）预制构件生产时应采取措施避免出现外观质量缺陷。外观质量缺陷根据其影响结构性能、安装和使用功能的严重程度，可按表1-19规定划分为严重缺陷和一般缺陷。

表1-19　　　　　　　构件外观质量缺陷分类

名称	现象	严重缺陷	一般缺陷
露筋	构件内钢筋未被混凝土包裹而外露	纵向受力钢筋有露筋	其他钢筋有少量露筋
蜂窝	混凝土表面缺少水泥砂浆而形成石子外露	构件主要受力部位有蜂窝	其他部位有少量蜂窝
孔洞	混凝土中孔穴深度和长度均超过保护层厚度	构件主要受力部位有孔洞	其他部位有少量孔洞
夹渣	混凝土中夹有杂物且深度超过保护层厚度	构件主要受力部位有夹渣	其他部位有少量夹渣
疏松	混凝土中局部不密实	构件主要受力部位有疏松	其他部位有少量疏松
裂缝	缝隙从混凝土表面延伸至混凝土内部	构件主要受力部位有影响结构性能或使用功能的裂缝	其他部位有少量不影响结构性能或使用功能的裂缝

续表

名称	现象	严重缺陷	一般缺陷
连接部位缺陷	构件连接处混凝土缺陷及连接钢筋、连结件松动，插筋严重锈蚀、弯曲，灌浆套筒堵塞、偏位，灌浆孔洞堵塞、偏位、破损等缺陷	连接部位有影响结构传力性能的缺陷	连接部位有基本不影响结构传力性能的缺陷
外形缺陷	缺棱掉角、棱角不直、翘曲不平、飞出凸肋等，装饰面砖粘结不牢、表面不平、砖缝不顺直等	清水或具有装饰的混凝土构件内有影响使用功能或装饰效果的外形缺陷	其他混凝土构件有不影响使用功能的外形缺陷
外表缺陷	构件表面麻面、掉皮、起砂、沾污等	具有重要装饰效果的清水混凝土构件有外表缺陷	其他混凝土构件有不影响使用功能的外表缺陷

（2）预制构件出模后应及时对其外观质量进行全数目测检查。预制构件外观质量不应有缺陷，对已经出现的严重缺陷应制定技术处理方案进行处理并重新检验，对出现的一般缺陷应进行修整并达到合格。

（3）预制构件不应有影响结构性能、安装和使用功能的尺寸偏差。对超过尺寸允许偏差且影响结构性能和安装、使用功能的部位应经原设计单位认可，制定技术处理方案进行处理，并重新检查验收。

（4）预制构件尺寸偏差及预留孔、预留洞、预埋件、预留插筋、键槽的位置和检验方法应符合表1-20至表1-23的规定。预制构件有粗糙面时，与预制构件粗糙面相关的尺寸允许偏差可放宽1.5倍。

表 1 – 20　　　　预制楼板类构件外形尺寸允许偏差及检验方法

项次	检查项目			允许偏差（mm）	检验方法
1	规格尺寸	长度	＜12m	±5	用尺量两端及中间部，取其中偏差绝对值较大值
			≥12m 且＜18m	±10	
			≥18m	±20	
2		宽度		±5	用尺量两端及中间部，取其中偏差绝对值较大值
3		厚度		±5	用尺量板四角和四边中部位置共 8 处，取其中偏差绝对值较大值
4		对角线差		6	在构件表面，用尺量测两对角线的长度，取其绝对值的差值
5		表面平整度	内表面	4	用 2m 靠尺安放在构件表面上，用楔形塞尺量测靠尺与表面之间的最大缝隙
			外表面	3	
6	外形	楼板侧向弯曲		L/750 且 ≤20	拉线，钢尺量最大弯曲处
7		扭翘		L/750	四对角拉两条线，量测两线交点之间的距离，其值的 2 倍为扭翘值
8	预埋部件	预埋钢板	中心线位置偏差	5	用尺量测纵横两个方向的中心线位置，取其中较大值
			平面高差	0，−5	用尺紧靠在预埋件上，用楔形塞尺量测预埋件平面与混凝土面的最大缝隙

续表

项次	检查项目			允许偏差（mm）	检验方法
9	预埋部件	预埋螺栓	中心线位置偏移	2	用尺量测纵横两个方向的中心线位置，取其中较大值
			外露长度	+10，-5	用尺量
10		预埋线盒、电盒	在构件平面的水平方向中心位置偏差	10	用尺量
			与构件表面混凝土	0，-5	用尺量
11	预留孔		中心线位置偏移	5	用尺量测纵横两个方向的中心线位置，取其中较大值
			孔尺寸	±5	用尺量测纵横两个方向尺寸，取其最大值
12	预留洞		中心线位置偏移	5	用尺量测纵横两个方向的中心线位置，取其中较大值
			洞口尺寸、深度	±5	用尺量测纵横两个方向尺寸，取其最大值
13	预留插筋		中心线位置偏移	3	用尺量测纵横两个方向的中心线位置，取其中较大值
			外露长度	±5	用尺量
14	吊环木砖		中心线位置偏移	10	用尺量测纵横两个方向中较大值
			留出高度	0，-10	用尺量
15	桁架钢筋高度			+5，0	用尺量

表 1 – 21　　　　预制墙板类构件外形尺寸允许偏差及检验方法

项次	检查项目			允许偏差（mm）	检验方法
1	规格尺寸	高度		±4	用尺量两端及中间部，取其中偏差绝对值较大值
2		宽度		±4	用尺量两端及中间部，取其中偏差绝对值较大值
3		厚度		±3	用尺量板四角和四边中部位置共 8 处，取其中偏差绝对值较大值
4	对角线差			5	在构件表面，用尺量测两对角线的长度，取其绝对值的差值
5	外形	表面平整度	内表面	4	用 2m 靠尺安放在构件表面上，用楔形塞尺量测靠尺与表面之间的最大缝隙
			外表面	3	
6		侧向弯曲		L/1000 且 ≤20	拉线，钢尺量最大弯曲处
7		扭翘		L/1000	四对角拉两条线，量测两线交点之间的距离，其值的 2 倍为扭翘值
8	预埋部件	预埋钢板	中心线位置偏移	5	用尺量测纵横两个方向的中心线位置，取其中较大值
			平面高差	0，−5	用尺紧靠在预埋件上，用楔形塞尺量测预埋件平面与混凝土面的最大缝隙
9		预埋螺栓	中心线位置偏移	2	用尺量测纵横两个方向的中心线位置，取其中较大值
			外露长度	+10，−5	用尺量
10		预埋套筒、螺母	中心线位置偏移	2	用尺量测纵横两个方向的中心线位置，取其中较大值
			平面高差	0，−5	用尺紧靠在预埋件上，用楔形塞尺量测预埋件平面与混凝土面的最大缝隙

续表

项次	检查项目		允许偏差（mm）	检验方法
11	预留孔	中心线位置偏移	5	用尺量测纵横两个方向的中心线位置，取其中较大值
		孔尺寸	±5	用尺量测纵横两个方向尺寸，取其最大值
12	预留洞	中心线位置偏移	5	用尺量测纵横两个方向的中心线位置，取其中较大值
		洞口尺寸、深度	±5	用尺量测纵横两个方向尺寸，取其最大值
13	预留插筋	中心线位置偏移	3	用尺量测纵横两个方向的中心线位置，取其中较大值
		外露长度	±5	用尺量
14	吊环木砖	中心线位置偏移	10	用尺量测纵横两个方向的中心线位置，取其中较大值
		与构件表面混凝土高差	0，−10	用尺量
15	键槽	中心线位置偏移	5	用尺量测纵横两个方向的中心线位置，取其中较大值
		长度、宽度	±5	用尺量
		深度	±5	用尺量
16	灌浆套筒及连接钢筋	灌浆套筒中心线位置	2	用尺量测纵横两个方向的中心线位置，取其中较大值
		连接钢筋中心线位置	2	用尺量测纵横两个方向的中心线位置，取其中较大值
		连接钢筋外露长度	+10，0	用尺量

表 1-22   预制梁柱桁架类构件外形尺寸允许偏差及检验方法

项次	检查项目			允许偏差 （mm）	检验方法
1	规格 尺寸	长度	<12m	±5	用尺量两端及中间部，取其中 偏差绝对值较大值
			≥12m 且 <18m	±10	
			≥18m	±20	
2		宽度		±5	用尺量两端及中间部，取其中 偏差绝对值较大值
3		高度		±5	用尺量板四角和四边中部位置 共 8 处，取其中偏差绝对值较 大值
4	表面平整度			4	用 2m 靠尺安放在构件表面上， 用楔形塞尺量测靠尺与表面之 间的最大缝隙
5	侧向弯曲	梁柱		L/750 且 ≤20	拉线，钢尺量最大弯曲处
		桁架		L/1000 且 ≤20	
6	预埋 部件	预埋 钢板	中心线位置偏移	5	用尺量测纵横两个方向的中心 线位置，取其中较大值
			平面高差	0，-5	用尺紧靠在预埋件上，用楔形 塞尺量测预埋件平面与混凝土 面的最大缝隙
7		预埋 螺栓	中心线位置偏移	2	用尺量测纵横两个方向的中心 线位置，取其中较大值
			外露长度	+10，-5	用尺量

续表

项次	检查项目		允许偏差（mm）	检验方法
8	预留孔	中心线位置偏移	5	用尺量测纵横两个方向的中心线位置，取其中较大值
		孔尺寸	±5	用尺量测纵横两个方向尺寸，取其最大值
9	预留洞	中心线位置偏移	5	用尺量测纵横两个方向的中心线位置，取其中较大值
		洞口尺寸、深度	±5	用尺量测纵横两个方向尺寸，取其最大值
10	预留插筋	中心线位置偏移	3	用尺量测纵横两个方向的中心线位置，取其中较大值
		外露长度	±5	用尺量
11	吊环	中心线位置偏移	10	用尺量测纵横两个方向的中心线位置，取其中较大值
		留出高度	0，−10	用尺量
12	键槽	中心线位置偏移	5	用尺量测纵横两个方向的中心线位置，取其中较大值
		长度、宽度	±5	用尺量
		深度	±5	用尺量
13	灌浆套筒及连接钢筋	灌浆套筒中心线位置	2	用尺量测纵横两个方向的中心线位置，取其中较大值
		连接钢筋中心线位置	2	用尺量测纵横两个方向的中心线位置，取其中较大值
		连接钢筋外露长度	+10，0	用尺量

表 1-23　　　　　　装饰构件外观尺寸允许偏差及检验方法

项次	装饰种类	检查项目	允许偏差（mm）	检验方法
1	通用	表面平整度	2	2m 靠尺或塞尺检查
2	面砖、石材	阳角方正	2	用托线板检查
3		上口平直	2	拉通线用钢尺检查
4		接缝平直	3	用钢尺或塞尺检查
5		接缝深度	±5	用钢尺或塞尺检查
6		接缝宽度	±2	用钢尺检查

（5）预制构件的预埋件、插筋、预留孔的规格、数量应满足设计要求。

检查数量：全数检验。

检验方法：观察和量测。

（6）预制构件的粗糙面或键槽成型质量应满足设计要求。

检查数量：全数检验。

检验方法：观察和量测。

（7）面砖与混凝土的粘结强度应符合现行行业标准《建筑工程饰面砖粘结强度检验标准》JGJ 110 和《外墙饰面砖工程施工及验收规程》JGJ 126 的有关规定。

检查数量：按同一工程、同一工艺的预制构件分批抽样检验。

检验方法：检查试验报告单。

（8）预制构件采用钢筋套筒灌浆连接时，在构件生产前应检查套筒型式检验报告是否合格，应进行钢筋套筒灌浆连接接头的抗拉强度试验，并应符合现行行业标准《钢筋套筒灌浆连接应用技术规程》JGJ 355 的有关规定。

检查数量：按同一工程、同一工艺的预制构件分批抽样检验。同一批号、同一类型、同一规格的灌浆套筒，不超过 1000 个为一批，每批随机抽取 3 个灌浆套筒制作对中连接接头试件。

检验方法：检查试验报告单、质量证明文件。

（9）夹芯外墙板的内外叶墙板之间的拉结件类别、数量、使用位置及性能应符合设计要求。

检查数量：按同一工程、同一工艺的预制构件分批抽样检验。

检验方法：检查试验报告单、质量证明文件及隐蔽工程检查记录。

（10）夹芯保温外墙板用的保温材料类别、厚度、位置及性能应满足设计要求。

检查数量：按批检查。

检验方法：观察、量测，检查保温材料质量证明文件及检验报告。

（11）混凝土强度应符合设计文件及国家现行有关标准的规定。

检查数量：按构件生产批次在混凝土浇筑地点随机抽取标准养护试件，取样频率应符合本标准规定。

检验方法：应符合现行国家标准《混凝土强度检验评定标准》GB/T 50107 的有关规定。

8. 存放、吊运及防护

（1）预制构件吊运应符合下列规定。

①应根据预制构件的形状、尺寸、重量和作业半径等要求选择吊具和起重设备，所采用的吊具和起重设备及其操作，应符合国家现行有关标准及产品应用技术手册的规定。

②吊点数量、位置应经计算确定，应保证吊具连接可靠，应采取保证起重设备的主钩位置、吊具及构件重心在竖直方向上重合的措施。

③吊索水平夹角不宜小于60°，不应小于45°。

④应采用慢起、稳升、缓放的操作方式，吊运过程，应保持稳定，不得偏斜、摇摆和扭转，严禁吊装构件长时间悬停在空中。

⑤吊装大型构件、薄壁构件或形状复杂的构件时，应使用分配

梁或分配桁架类吊具，并应采取避免构件变形和损伤的临时加固措施。

（2）预制构件存放应符合下列规定。

①存放场地应平整、坚实，并应有排水措施。

②存放库区宜实行分区管理和信息化台账管理。

③应按照产品品种、规格型号、检验状态分类存放，产品标识应明确、耐久，预埋吊件应朝上，标识应向外。

④应合理设置垫块支点位置，确保预制构件存放稳定，支点宜与起吊点位置一致。

⑤与清水混凝土面接触的垫块应采取防污染措施。

⑥预制构件多层叠放时，每层构件间的垫块应上下对齐；预制楼板、叠合板、阳台板和空调板等构件宜平放，叠放层数不宜超过6层；长期存放时，应采取措施控制预应力构件起拱值和叠合板翘曲变形。

⑦预制柱、梁等细长构件宜平放且用两条垫木支撑。

⑧预制内外墙板、挂板宜采用专用支架直立存放，支架应有足够的强度和刚度，薄弱构件、构件薄弱部位和门窗洞口应采取防止变形开裂的临时加固措施。

（3）预制构件成品保护应符合下列规定。

①预制构件成品外露保温板应采取防止开裂措施，外露钢筋应采取防弯折措施，外露预埋件和连结件等外露金属件应按不同环境类别进行防护或防腐、防锈。

②宜采取保证吊装前预埋螺栓孔清洁的措施。

③钢筋连接套筒、预埋孔洞应采取防止堵塞的临时封堵措施。

④露骨料粗糙面冲洗完成后应对灌浆套筒的灌浆孔和出浆孔进行透光检查，并清理灌浆套筒内的杂物。

⑤冬期生产和存放的预制构件的非贯穿孔洞应采取措施防止雨雪水进入发生冻胀损坏。

（4）预制构件在运输过程中应做好安全和成品防护，并应符合下列规定。

①应根据预制构件种类采取可靠的固定措施。

②对于超高、超宽、形状特殊的大型预制构件的运输和存放应制定专门的质量安全保证措施。

③运输时宜采取如下防护措施。

A. 设置柔性垫片避免预制构件边角部位或链索接触处的混凝土损伤。

B. 用塑料薄膜包裹垫块避免预制构件外观污染。

C. 墙板门窗框、装饰表面和棱角采用塑料贴膜或其他措施防护。

D. 竖向薄壁构件设置临时防护支架。

E. 装箱运输时，箱内四周采用木材或柔性垫片填实，支撑牢固。

④应根据构件特点采用不同的运输方式，托架、靠放架、插放架应进行专门设计，进行强度、稳定性和刚度验算。

A. 外墙板宜采用立式运输，外饰面层应朝外，梁、板、楼梯、阳台宜采用水平运输。

B. 采用靠放架立式运输时，构件与地面倾斜角度宜大于80°，构件应对称靠放，每侧不大于2层，构件层间上部采用木垫块隔离。

C. 采用插放架直立运输时，应采取防止构件倾倒措施，构件之间应设置隔离垫块。

D. 水平运输时，预制梁、柱构件叠放不宜超过3层，板类构件叠放不宜超过6层。

9. 资料及交付

（1）预制构件的资料应与产品生产同步形成、收集和整理，归档资料宜包括以下内容。

①预制混凝土构件加工合同；

②预制混凝土构件加工图纸、设计文件、设计洽商、变更或交底文件；

③生产方案和质量计划等文件；

④原材料质量证明文件、复试试验记录和试验报告；

⑤混凝土试配资料；

⑥混凝土配合比通知单；

⑦混凝土开盘鉴定；

⑧混凝土强度报告；

⑨钢筋检验资料、钢筋接头的试验报告；

⑩模具检验资料；

⑪预应力施工记录；

⑫混凝土浇筑记录；

⑬混凝土养护记录；

⑭构件检验记录；

⑮构件性能检测报告；

⑯构件出厂合格证；

⑰质量事故分析和处理资料；

⑱其他与预制混凝土构件生产和质量有关的重要文件资料。

（2）预制构件交付的产品质量证明文件应包括以下内容。

①出厂合格证；

②混凝土强度检验报告；

③钢筋套筒等其他构件钢筋连接类型的工艺检验报告；

④合同要求的其他质量证明文件。

10. 部品生产

（1）部品原材料应使用节能环保的材料，并应符合现行国家标准《民用建筑工程室内环境污染控制标准》GB 50325、《建筑材料放射性核素限量》GB 6566 和室内建筑装饰材料有害物质限量的相关规定。

（2）部品原材料应有质量合格证明并完成抽样复试，没有复试或者复试不合格的不能使用。

（3）部品生产应成套供应，并满足加工精度的要求。

（4）部品生产时，应对尺寸偏差和外观质量进行控制。

（5）预制外墙部品生产时，应符合下列规定。

①外门窗的预埋件设置应在工厂完成。

②不同金属的接触面应避免电化学腐蚀。

③预制混凝土外挂墙板生产应符合现行行业标准《装配式混凝土结构技术规程》JGJ 1 的规定。

④蒸压加气混凝土板的生产应符合现行行业标准《蒸压加气混凝土建筑应用技术规程》JGJ/T 17 的规定。

（6）现场组装骨架外墙的骨架、基层墙板、填充材料应在工厂完成生产。

（7）建筑幕墙的加工制作应按现行行业标准《玻璃幕墙工程技术规范》JGJ 102、《金属与石材幕墙工程技术规范》JGJ 133 及《人造板材幕墙工程技术规范》JGJ 336 的规定执行。

（8）合格部品应具有唯一编码和生产信息，并在包装的明显位置标注部品编码、生产单位、生产日期、检验员代码等。

（9）部品包装的尺寸和重量应考虑到现场运输条件，便于搬运与组装；并注明卸货方式和明细清单。

（10）应制定部品的成品保护、堆放和运输专项方案，其内容应包括运输时间、次序、堆放场地、运输路线、固定要求、堆放支垫及成品保护措施等。对于超高、超宽、形状特殊的部品的运输和堆放应有专门的质量安全保护措施。

第二章

生产设备及工装

第一节
生产线设备

一、生产线布置

生产线设备一般根据生产工艺顺序环形布置（见图 2-1），形成流水作业，主要设备有：传动系统（导向轮与驱动轮）、模台、脱模剂喷涂机、划线机、布料机、振动台、拉毛机、抹光机、预养护窑、养护窑、堆垛机、模台横移车、侧翻机、模台清理机、构件专用转运车、送料机及轨道。

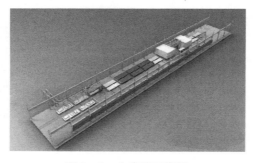

图 2-1　生产线示意图

二、传动系统

1. 传动系统的导向轮与驱动轮

传动系统的导向轮与驱动轮见图 2 - 2。

图 2 - 2   传动系统的导向轮与驱动轮

2. 传动设备组成系统、性能、特点及控制方式

传动设备组成系统、性能、特点及控制方式说明见表 2 - 1。

表 2 - 1   传动设备组成系统、性能、特点及控制方式

传动设备组成 系统说明	导向轮、驱动轮及感应防撞装置构成了流水线的循环流转系统，保证模台平稳流转；导向轮由支撑框体、支撑轴和导向轮组成，焊接在预埋件上；驱动轮主要由驱动电机座、调节机构、驱动电机、摩擦轮组成；电机采用变频调速方式调节模台运行速度；采用专用耐磨橡胶轮，具有较大的摩擦力，耐磨性好，使用寿命长，高度可调；生产线上每个工位配置感应防撞装置，用于检测模板的位置、变速等，实现各工位的自动停止、启动、变速；中央控制室实时监测生产线的流转状况，控制生产线的运转

续表

性能、特点 详细描述	根据工位不同设置了普通驱动轮、耐高温耐湿驱动轮、带刹车驱动轮；采用加强耐磨橡胶轮，摩擦力大、使用寿命长；可调节补偿橡胶轮磨损量，保证生产线运行平稳；安装高度可调节，极大地消除了地面不平整因素的影响，安装更便捷
控制方式说明	驱动轮可采用自动或手动防止控制正反转

3. 导向轮与驱动轮的主要技术参数

导向轮与驱动轮的主要技术参数见表 2 - 2。

表 2 - 2　　　　　　　导向轮与驱动轮的主要技术参数

序号	项目	单位	技术参数
1	导向轮高度	mm	450
2	导向轮承载力	t	≥3
3	地面固定方式	—	预埋 H 型钢，焊接
4	导向轮直径	mm	160
5	导向轮间距	mm	1680
6	驱动轮电机功率	kW	1.1
7	驱动轮线速度	m/min	0 ~ 18 （可调）

三、模台

1. 模台示例

模台示例见图 2 - 3。

图 2 - 3　模台

2. 模台组成系统、性能、特点及控制方式

模台组成系统、性能、特点及控制方式见表 2 - 3。

表 2 - 3　　　　　　模台组成系统、性能、特点及控制方式

模台组成系统说明	模台由模台骨架与支撑面板组成，是生产预制件的工作平台
性能、特点详细描述	结构坚固耐用，在振动和立起过程中疲劳强度大；通过有限元分析和工艺手段，有效控制模台变形，使用寿命更长
控制方式说明	—

3. 模台主要技术参数

模台主要技术参数见表 2 - 4。

表 2 - 4　　　　　　　　模台主要技术参数

序号	项目	单位	技术参数
1	单位面积承载力	kN/m²	6.5
2	模台规格	mm	10000×3500×310（高度可定制）
3	表面平整度	—	2mm/2000mm
4	面板材质	—	Q345B 优质碳钢

四、脱模剂喷涂机

1. 脱模剂喷涂机示例

脱模剂喷涂机示例见图2-4。

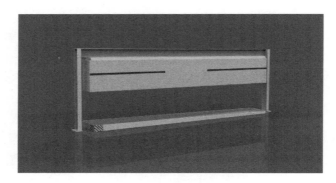

图2-4 脱模剂喷涂机

2. 脱模剂喷涂机组成系统、性能、特点及控制方式

脱模剂喷涂机组成系统、性能、特点及控制方式见表2-5。

表2-5 脱模剂喷涂机组成系统、性能、特点及控制方式

脱模剂喷涂机组成系统说明	脱模剂喷涂机由支撑架、喷油系统、升降系统、储油及回收装置组成;脱模剂喷涂机能将脱模剂均匀快速地喷涂在模台表面上,可根据要求实现整个底模平面或仅在用来制作预制构件的那部分平面上喷洒脱模剂,喷油量可调
性能、特点详细描述	模台经过时,喷涂系统可自动喷洒脱模剂;喷嘴开关可单独控制;喷涂系统流量、气雾压力可调,保证喷涂均匀;通过控制器实现了整台设备的自动化操作;配备宽幅油液回收料斗,便于清洁维护;喷油系统可手动提升
控制方式说明	自动或手动

3. 脱模剂喷涂机主要技术参数

脱模剂喷涂机主要技术参数见表2-6。

表2-6　　　　　　脱膜剂喷涂机主要技术参数

序号	项目	单位	技术参数
1	整机尺寸	m	4650×700×1650
2	高压喷雾头	个	9
3	最大喷雾角度	度	120
4	喷雾压力	MPa	0.1~0.4
5	喷涂总宽度	m	4

五、划线机

1. 划线机示例

划线机示例见图2-5。

图2-5　划线机

2. 划线机组成系统、性能、特点及控制方式

划线机组成系统、性能、特点及控制方式见表2-7。

表2-7　　划线机组成系统、性能、特点及控制方式

划线机组成系统说明	划线机主要由机械部分、控制系统、伺服系统、划线系统组成；机械结构主要由走行支架、横梁、主副端梁、精密导轨、控制面板组成；控制部分包括数控系统、配套电器、控制面板；伺服系统由X轴电机、Y轴电机、伺服变压器等组成；划线系统由划线车、划线支架、划笔、笔墨系统组成
性能、特点详细描述	数控划线机为桥式结构，采用双边伺服驱动，运行稳定，工作效率高；带自动喷枪装置，自动调高感应装置及人机操作界面，适用于各种规格的通用模型叠合板、墙板底模的划线；可根据实际要求处理复杂图形，定位系统保证图形的准确；自动编程软件，操作简便，可控性强，具有数据连接口
控制方式说明	遥控

3. 划线机主要技术参数

划线机主要技术参数见表2-8。

表2-8　　　　　　　　划线机主要技术参数

序号	项目	单位	技术参数
1	轨距	m	5.0
2	轨道长度	m	11.0
3	划线速度	m/min	1.5~9（可调）
4	最大划线长度	mm	10000
5	最大划线宽度	mm	4000
6	精度	mm	1.5

六、布料机

1. 布料机示例

布料机示例见图2－6。

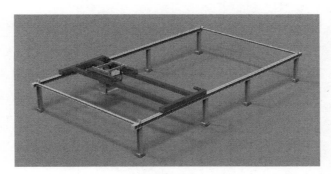

图2－6 布料机

2. 布料机组成系统、性能、特点及控制方式

布料机组成系统、性能、特点及控制方式见表2－9。

表2－9　　　　　布料机组成系统、性能、特点及控制方式

布料机组成 系统说明	混凝土布料机由纵向或横向行走机构、料斗、液压控制系统、计量系统、定位系统、清洗装置等组成；可将送料斗运输过来的混凝土，均匀地浇注到模具中，可适应不同坍落度的混凝土浇筑
性能、特点 详细描述	布料范围与模台相匹配，均匀布料，布料速度可调节；下料实现可控，并适合多种坍落度（120～180mm）的混凝土；带称量系统，数据实时显示，误差为公称容积的1%；大小车行走变频控制，速度无极可调；在布料过程中，开关门的控制灵敏、迅速、关闭严密，开闭数量可控
控制方式说明	遥控

3. 布料机主要技术参数

布料机主要技术参数见表2－10。

表2－10　　　　　　　　　布料机主要技术参数

序号	项目	单位	技术参数
1	料斗有效容量	m^3	2.5
2	布料范围	m^2	10×3.5
3	布料闸口	—	闸口共8道
4	布料宽度	m	1.5
5	下料速度	m^3/min	0.5～1.5
6	放料方式	—	下出口
7	喂料方式	—	星形轴下料
8	大车行走速度	m/min	0～30（可调）
9	小车行走速度	m/min	0～30（可调）
10	布料转速	r/min	可调

七、振动台

1. 振动台示例

振动台示例见图2－7。

图2－7　振动台

2. 振动台组成系统、性能、特点及控制方式

振动台组成系统、性能、特点及控制方式见表 2 – 11。

表 2 – 11　　　　　振动台组成系统、性能、特点及控制方式

振动台组成 系统说明	振动台由振动单元、驱动轮、升降装置组成。用于振捣密实已浇注的混凝土，消除混凝土内部气泡，确保混凝土内部骨料分布均匀；布料完成后，振动台的升降装置将模台放置于振动单元上；随后开启振动器，振动台起振，将混凝土振捣密实；振动过程中，电机可变频调速，以适应不同坍落度的混凝土、不同厚度的预制构件
性能、特点 详细描述	独特的隔振设计，有效隔绝激振力传导于地面；无地坑式设计，使设备的安装、维修及保养更加便捷；振动系统采用零振幅启动、零振幅停止、激振动，振幅可调，可有效解决构件成型过程中的层裂、内部不均质、形成气穴、密度不一致等问题
控制方式说明	自动或手动

3. 振动台主要技术参数

振动台主要技术参数见表 2 – 12。

表 2 – 12　　　　　　　　振动台主要技术参数

序号	项目	单位	技术参数
1	振动电机数量	台	8
2	最大振幅	mm	2.4 ~ 2.8
3	单台激振力	kN	8 × 13
4	频率	Hz	可调
5	升降方式	—	液压油缸升降
6	装机功率	kW	≤18
7	设备电源	V	三相 380

八、抹光机

1. 抹光机示例

抹光机示例见图 2 – 8。

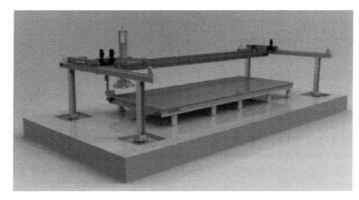

图 2 – 8　抹光机

2. 抹光机组成系统、性能、特点及控制方式

抹光机组成系统、性能、特点及控制方式见表 2 – 13。

表 2 – 13　　　　　　抹光机组成系统、性能、特点及控制方式

抹光机组成系统说明	抹光机由机架、大车、行走小车、升降机构、抹光机构组成，用于构件预养护后的表面抹平和磨光
性能、特点详细描述	抹盘高度可调，能满足不同厚度预制板生产的需要；横向纵向行走速度变频可调，保障运行平稳；配备遥控操作盒（选配），便于远距离操作，避免磨平飞溅物伤及操作者
控制方式说明	手控或遥控

3. 抹光机主要技术参数

抹光机主要技术参数见表2 – 14。

表2 – 14　　　　　　　　抹光机主要技术参数

序号	项目	单位	技术参数
1	抹光机转速	rpm	0 ~ 110
2	抹光机直径	mm	800
3	抹光机升降行程	mm	300
4	大车走行速度	m/min	0 ~ 18
5	小车走行速度	m/min	0 ~ 18
6	作业范围	—	单列单模台

九、拉毛机

1. 拉毛机示例

拉毛机示例见图2 – 9。

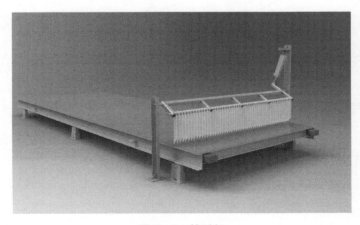

图2 – 9　拉毛机

2. 拉毛机组成系统、性能、特点及控制方式

拉毛机组成系统、性能、特点及控制方式见表 2-15。

表 2-15　　　　拉毛机组成系统、性能、特点及控制方式

拉毛机组成系统说明	拉毛机主要由机架、纵向升降机构、拉毛机构组成；用于对叠合板构件表面进行拉毛处理
性能、特点详细描述	采用电动升降机构，其结构紧凑，操作方便；运用片式拉毛板，拉毛痕深，不伤骨料
控制方式说明	手控或遥控

3. 拉毛机主要技术参数

拉毛机主要技术参数见表 2-16。

表 2-16　　　　　　拉毛机主要技术参数

序号	项目	单位	技术参数
1	拉毛宽度	mm	3200
2	最大行程	mm	300

十、预养护窑

1. 预养护窑示例

预养护窑示例见图 2-10。

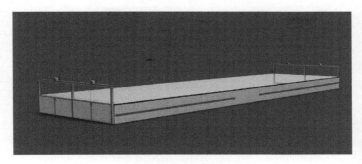

图 2 – 10   预养护窑

2. 预养护窑组成系统、性能、特点及控制方式

预养护窑组成系统、性能、特点及控制方式见表 2 – 17。

表 2 – 17   预养护窑组成系统、性能、特点及控制方式

预养护窑组成系统说明	预养护窑主要结构包括保温系统、钢结构、加热系统及控制系统；预养护窑用于构件振动密实后、抹光前，快速提高构件的早起强度，达到可抹光的硬度要求
性能、特点详细描述	全钢架结构设计有效降低了温度变化对预养护窑钢结构变形的影响，保温板采用特殊夹芯板材料，可有效防止热量散失，且兼具阻燃、耐腐蚀等特点；预养护窑的前后门采用提升式的开关门，可自动感应进出模台从而控制门的开合，充分减少窑内热量损失，高效节能；预养护窑带温度自动控制系统
控制方式说明	自动或手动

3. 预养护窑主要技术参数

预养护窑主要技术参数见表 2 – 18。

表 2 – 18 预养护窑主要技术参数

序号	项目	单位	技术参数
1	预养护窑开门方式	—	提拉式开门机构
2	加热方式	—	蒸汽干加热
3	开门时间	s	<20
4	窑内温度	℃	35

十一、立体养护窑

1. 立体养护窑示例

立体养护窑示例见图 2 – 11。

图 2 – 11　立体养护窑

2. 立体养护窑组成系统、性能、特点及控制方式

立体养护窑组成系统、性能、特点及控制方式见表 2 – 19。

表 2 – 19　　　　　立体养护窑组成系统、性能、特点及控制方式

立体养护窑 组成系统说明	立体养护窑由窑体、蒸汽管道系统、模台支撑系统、窑门装置、温度控制系统等组成；用于养护混凝土构件使其达到脱模强度；立体养护窑各仓位的存储状况可通过中央控制室直接监控
性能、特点 详细描述	立体养护窑采用多层叠式设计，极大地满足了批量生产的需要；升降式养护仓门，自动开闭，自动感应模台进出；每列养护室可独立自动温控与湿度控制，并可实时对仓内温度、湿度监控及调整
控制方式说明	自动或手动

3. 立体养护窑主要技术参数

立体养护窑主要技术参数见表 2 – 20。

表 2 – 20　　　　　　　　立体养护窑主要技术参数

序号	项目	单位	技术参数
1	养护时间	h	6 ~ 8
2	恒温控制范围	℃	50 ~ 60
3	温度控制精度	℃	±2.5
4	加热方式	—	采用干热，控制湿度方式。
5	加热介质	—	蒸汽
6	窑体的热传递系数	W/mk	≤0.4

十二、堆垛机

1. 堆垛机示例

堆垛机示例见图 2 – 12。

图 2 – 12　堆垛机

2. 堆垛机组成系统、性能、特点及控制方式

堆垛机组成系统、性能、特点及控制方式见表 2 – 21。

表 2 – 21　　　　堆垛机组成系统、性能、特点及控制方式

堆垛机组成系统说明	堆垛机由支架、提升机构、行走机构、推拉模台机构、开门机构等组成，可实现自动送模台进出养护窑；堆垛机完成构件的存取工作，既可以将预养护完成并抹光后的构件送至立体养护窑，也可以将养护好、达到脱模强度的构件取出；堆垛机能自动识别模台和仓位，自动存、取模台，自动开闭仓门，一个存取周期（走行、提升、存取）满足生产线节拍要求
性能、特点详细描述	具有全自动送入和取出功能；采用中央智能系统控制大车行走，配合机械设计精准控制左右对仓；升降系统采用先进的卷扬技术控制模台上下层平顺移动
控制方式说明	自动或手动

3. 堆垛机主要技术参数

堆垛机主要技术参数见表 2 – 22。

表 2 – 22　　　　　　　　　堆垛机主要技术参数

序号	项目	单位	技术参数
1	升降系统	—	卷扬机或液压（可定制）
2	额定拉力	T	30
3	提升同步性	—	100% 机械同步
4	操作方式	—	手动或自动
5	设备电源	V	三相 380
6	单工作循环时间	min	< 12

十三、模台横移车

1. 模台横移车示例

模台横移车示例见图 2 – 13。

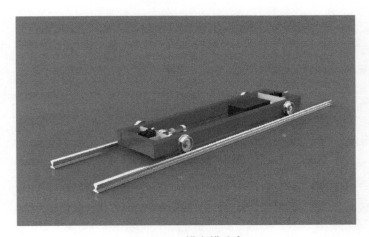

图 2 – 13　模台横移车

2. 模台横移车组成系统、性能、特点及控制方式

模台横移车组成系统、性能、特点及控制方式见表 2 – 23。

表 2 – 23	模台横移车组成系统、性能、特点及控制方式
模台横移车组成 系统说明	模台横移车由 2 个分体车、1 套液压系统、控制系统组成。主要结构含主车架、行走机构、顶升装置、覆盖件等；采用双分体式带顶升装置的小车，伺服系统保证其同步性；当模台到达摆渡工位停靠平稳后，升降式摆渡车移到其正下方，精确定位后，顶升装置开始同步升高，将模台平稳顶起到位；双分体式小车同步运行到下一个工位，精确定位后，升降装置下降，将模台平稳停放至导向轮上
性能、特点 详细描述	采用伺服电机驱动，定位精度高；采用控制器，双机同步性高，精度误差≤3%；电脑控制自动完成变轨作业，性能稳定，操作方便安全
控制方式说明	手动或自动

3. 模台横移车主要技术参数

模台横移车主要技术参数见表 2 – 24。

表 2 – 24	模台横移车主要技术参数		
序号	项目	单位	技术参数
1	起升力	kN	300
2	起升高度	mm	≤100
3	行走速度	m/min	0～15（可调）
4	液压压力	MPa	16
5	总功率	kW	10

十四、侧翻机

1. 侧翻机示例

侧翻机示例见图 2 – 14。

图 2 - 14　侧翻机

2. 侧翻机组成系统、性能、特点及控制方式

侧翻机组成系统、性能、特点及控制方式见表 2 - 25。

表 2 - 25　　　　　　　侧翻机组成系统、性能、特点及控制方式

侧翻机组成系统说明	侧翻机由底架、旋转架、尾顶组件、夹具组件、前垫座、举升油缸、液压管路及电气系统组成；翻板机的夹紧装置夹紧模台后，侧翻单元的油缸顶伸，侧翻臂推动模台转动至 80～85° 时，停止动作，制品被竖直吊走，翻转模板复位
性能、特点详细描述	采用双缸液压顶升侧立模台方式脱模，液压同步马达保障双缸同步；独特的前爪后顶安全固定方式，有效防止立起中工件侧翻，保证人机安全；采用控制器，使操作过程简单、可靠性高
控制方式说明	手动

3. 侧翻机主要技术参数

侧翻机主要技术参数见表 2 - 26。

表 2 – 26　　　　　　　　　　侧翻机主要技术参数

序号	项目	单位	技术参数
1	翻转推力	kN	250
2	翻转角度	度	80 ~ 85
3	侧翻到位时间	s	70/90
4	起升同步精度	%	≥98
5	液压压力	MPa	20
6	油箱容量	L	124

十五、模台清理机

1. 模台清理机示例

模台清理机示例见图 2 – 15。

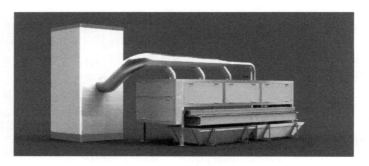

图 2 – 15　模台清理机

2. 模台清理机组成系统、性能、特点及控制方式

模台清理机组成系统、性能、特点及控制方式见表 2 – 27。

表 2 - 27　　　　　模台清理机组成系统、性能、特点及控制方式

模台清理机组成系统说明	模台清理机由一组刮板、两组横向刷辊、控尘系统、集料斗、轨道以及支撑主体钢结构组成;模台清理机清除脱模后残留在模台表面的杂物,并进行清扫;横向刷辊将附着在底模上的混凝土清理干净,并收集到清渣斗内;除尘器将毛刷激起的扬尘吸入滤袋内,避免粉尘污染;整个清理过程不会损坏模台工作面
性能、特点详细描述	采用双辊刷清扫,清扫效果佳、清扫效率更高;辊刷磨损后可补偿磨损量,操作更便捷;标配吸尘器,有效控制飞尘外泄;提升系统采用电气、机械双保护设计,操作安全等级高;配备滑轨集料斗,收集残渣,并可方便转移
控制方式说明	手动或自动

3. 模台清理机主要技术参数

模台清理机主要技术参数见表 2 - 28。

表 2 - 28　　　　　　　模台清理机主要技术参数

序号	项目	单位	技术参数
1	橡胶刮板宽度	m	3.5
2	刮板升降气缸	根	2
3	毛刷辊数量	根	2
4	毛刷辊长度	m	3.25
5	毛刷辊直径	mm	240
6	毛刷辊驱动功率	kW	4
7	毛刷辊转速	r/min	100 ~ 150
8	毛刷辊提升功率	kW	0.25
9	吸尘风机	kW	2
10	装机功率	kW	8

十六、构件专用转运车

1. 构件专用转运车示例

构件专用转运车示例见图 2 – 16。

图 2 – 16　构件转运车

2. 构件专用转运车组成系统、性能、特点及控制方式

构件专用转运车组成系统、性能、特点及控制方式见表2 – 29。

表 2 – 29　　构件专用转运车组成系统、性能、特点及控制方式

构件专用转运车 组成系统说明	构件专用转运车由装载平台、电池组、驱动电机组成；是以蓄电池为动力能源，直流电机驱动其在轨道上行驶的环保型运输车，适于在厂区内行驶，用于货物运输，载重或牵引
性能、特点 详细描述	采用直流电机，不易受损，启动力矩大，过载能力强；采用蓄电池式，设备的安全性能的机动灵活性得到提升，且远行距离不受限制；使用无线遥控操作，操作更便捷
控制方式说明	遥控

3. 构件专用转运车主要技术参数

构件专用转运车主要技术参数见表 2 – 30。

表 2-30　　　　　　　　构件专用转运车主要技术参数

序号	项目		单位	技术参数
1	载重量		t	25
2	轮距		mm	3130
3	最大轮压		t	5
4	车轮数量		个	8
5	行走速度		m/min	25
6	台面尺寸	长	mm	6700
		宽	mm	2435
		高	mm	450
7	供电方式		—	蓄电池，直流48V
8	控制形式		—	无线遥控

十七、筒式送料机

1. 筒式送料机及其轨道示例

筒式送料机及其轨道示例见图 2-17。

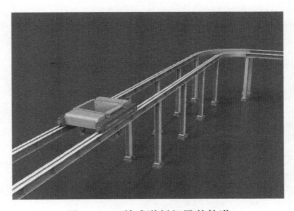

图 2-17　筒式送料机及其轨道

2. 筒式送料机组成系统、性能、特点及控制方式

筒式送料机组成系统、性能、特点及控制方式见表2-31。

表2-31　　　筒式送料机组成系统、性能、特点及控制方式

筒式送料机组成系统说明	筒式送料机由筒式料斗（含驱动装置）、旋转系统及电控系统组成
性能、特点详细描述	系统设有防碰撞停车机构，过载保护等装置，可确保设备性能稳定、运行平稳，整机操作简单、安全可靠
控制方式说明	自动或遥控

3. 筒式送料机主要技术参数

筒式送料机主要技术参数见表2-32。

表2-32　　　　　筒式送料机主要技术参数

序号	项目	单位	技术参数
1	料斗容量	m^3	2
2	行走方式	—	自行式牵引装置，滑触线供电
3	行走速度	m/min	0~45，可调
4	卸料方式	—	旋转卸料

十八、预制件生产管理系统（PMS系统）

PMS系统能够实现对预制件生产全过程的管理与监控（见图2-18），主要功能如下。

1. 生产管理

生产管理包括构件图纸解析、构件拼模、生产流程与工艺参数设置、构件信息推送、生产设备自动调度、生产过程信息记录等。

2. 生产监控

生产监控包括工位超时报警、设备故障报警与记录、生产过程信息记录等。同时可实现视频监控，及时掌握工位现场信息。

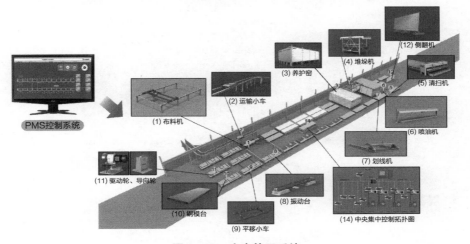

图 2 - 18　生产管理系统

第二节

混凝土搅拌设备

混凝土搅拌站（见图 2 - 19）由混凝土搅拌机、混凝土配料机、输运系统、储料系统、控制系统、计量系统等系统及其附属设施组成。

1. 混凝土搅拌机

搅拌混凝土时宜选用全自动搅拌设备，主机宜采用立轴行星式搅拌机。搅拌机将各个原材料集中在搅拌机仓内进行搅拌，加工成混凝土。

图 2 – 19   混凝土搅拌站

2. 混凝土配料机

　　将不同大小的砂、石等原材料放到不同的配料仓里，根据所需混凝土的配合比称量原材料，然后交接给输送系统。

3. 输送系统

　　配料系统配完料之后输送系统需要把骨料运输到搅拌机内，一般有两种输送方式，一种是料斗提升输送，适合占地面积小的搅拌站；另一种是皮带输送，运输量大，效率高，适合场地大的搅拌站。

4. 储料系统

　　储料系统包括骨料储存的配料机、水泥储存的水泥仓，还有外添加剂储存容器。

5. 控制系统

　　集中控制操作台，操作员只需在控制室内操作，就可以完成生产混凝土的一系列流程。

6. 计量系统

计量系统是影响混凝土质量和混凝土生产成本的关键部件，主要分为骨料称量、粉料称量和液体称量三个部分。

第三节

起重设备

一、桥式起重机

桥式起重机（见图 2 - 20）是横架于车间、仓库和料场上空进行物料吊运的起重设备。由于它的两端坐落在高大的水泥柱或者金属支架上，形状似桥，故称为桥式起重机。桥式起重机的桥架沿铺设在两侧高架上的轨道纵向运行，可以充分利用桥架下面的空间吊运物料，不受地面设备的阻碍。它是使用范围最广、数量最多的一种起重机械。一般厂房内宜选用桥式起重机，可根据实际需要，选取 5t、10t、16t、25t 等适宜的起重量进行配置。

图 2 - 20　桥式起重机

二、门式起重机

门式起重机（见图2-21）是桥式起重机的一种变形，也称"龙门吊"。主要用于室外的货场、料场、散货的装卸作业。门式起重机具有场地利用率高、作业范围大、适应面广、通用性强等特点。构件存放场地多选用门式起重机。

图2-21 门式起重机

三、汽车起重机

当厂内起重设备出现故障，或满足不了生产需求时，可采用汽车起重机应急（见图2-22）。汽车起重机按最大起重量划分，常用的有8t、16t、20t、25t、40t、50t等。

图2-22 汽车起重机

第四节
其他设备

一、叉车

叉车（见图 2－23）常用来对成件货物进行装卸和短途运输作业，一般比较常见配置的有 3t、5t、10t 叉车。

图 2－23 叉车

二、牵引车

牵引车（见图 2－24），用于牵引平板拖车。

图 2 – 24　牵引车

三、平板拖车

平板拖车（见图 2 – 25），由牵引车或叉车牵引，主要用于工厂内构件倒运。

图 2 – 25　平板拖车

第五节

吊具

一、钢丝绳

钢丝绳（见图 2-26）是将力学性能和几何尺寸符合要求的钢丝按照一定的规则捻制在一起的螺旋状钢丝束，钢丝绳由钢丝、绳芯及润滑脂组成。钢丝绳是先由多层钢丝捻成股，再以绳芯为中心，由一定数量股捻绕成螺旋状的绳。在物料搬运机械中，供提升、牵引、拉紧和承载之用。钢丝绳具有强度高、自重轻、工作平稳、不易骤然整根折断等特点，工作可靠。

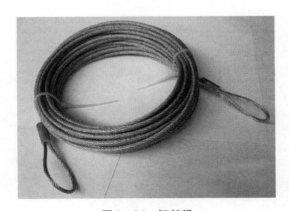

图 2-26　钢丝绳

二、吊装带

常用的吊装带也称"合成纤维吊装带"（见图 2-27），一般采用高强力聚酯长丝制作，具有强度高、耐磨损、抗氧化、抗紫外线等多重优点，同时质地柔软、不导电、无腐蚀（对人体无任何伤害），被广泛应用在各个领域。吊装带的种类很多，按吊带外观可将常规吊装带分为环形穿芯、环形扁平、双眼穿芯、双眼扁平四类。

图 2 – 27   吊装带

三、连接环（卡环）

连接环一般也称"卸扣"或"卡环"（见图 2 – 28），是钢丝绳之间、钢丝绳与物体之间、钢丝绳与滑轮之间常用的连接器材。

图 2 – 28   连接环

四、吊钩

吊钩（见图 2-29）是起重机械中最常见的一种吊具。吊钩应是正式专业厂按吊钩技术条件和安全规范要求生产制造的，产品应具有生产厂的质量合格证书，否则不允许使用。吊钩应每年进行一次试验，不合格者停止使用。

图 2-29　吊钩

五、滑轮

滑轮（见图 2-30）是一种重要的吊装工具。它结构简单，使用方便，能够多次改变滑车与滑车组牵引钢索的方向，起吊或移动运转物体。

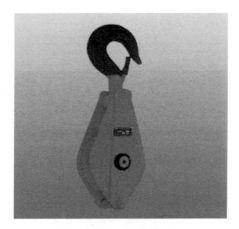

图 2 – 30   滑轮

六、吊环

吊环（见图 2 – 31）全称为"吊环螺钉"，是一种标准紧固件，在机电产品中的应用非常广泛，其主要作用是起吊载荷，现在主要作为构件吊点使用。

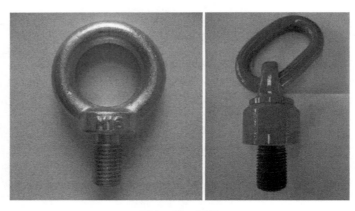

图 2 – 31   吊环

七、吊钉及鸭嘴扣吊钩

吊钉是装配式构件常用的吊点，吊钉预埋在构件内，利用鸭嘴扣吊钩进行连接起吊（见图2－32）。

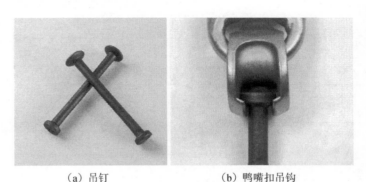

（a）吊钉　　　　　　　　　　（b）鸭嘴扣吊钩

图2－32　吊钉和鸭嘴扣吊钩

八、专用吊具

装配式构件一般使用专用吊具（见图2－33）进行吊装作业，专用吊具采用型钢制作，主要分为梁式吊具（一字形吊具）和架式吊具（平面式吊具）。梁式吊具通常用于吊装线型构件安装，如梁、墙板等。架式吊具通常用于平面面积较大、厚度较薄的构件安装，如叠合板、预制楼梯等。

（a）梁式吊具　　　　　　　　　（b）架式吊具

图2－33　专用吊具

第六节
常用工具

装配式构件制作常用工具设备及用途说明，如表 2-33 所示。

表 2-33　　装配式构件制作常用工具设备及用途说明

类别	工具名称	用途说明
钢筋加工	套丝机	钢筋套丝
	钢筋绑扎钩	绑丝
	电动绑丝机	绑丝
	钢筋剪刀钳	切断钢筋
	钢筋折弯器	弯筋
混凝土浇筑	平板振捣器	混凝土振捣
	振捣棒	混凝土振捣
	料斗	装混凝土
	铁锹	翻平混凝土
	刮板	刮平混凝土表面
	靠尺	刮平混凝土表面
	抹子（木制、铁制）	抹压
	高压水枪	混凝土粗糙面冲洗
组模拆模	磁盒	固定模具
	磁座	固定线盒
	电动扳手	拆装螺栓
	梅花扳手	拆装螺栓
	套筒扳手	拆装螺栓

续表

类别	工具名称	用途说明
组模拆模	手拉葫芦	拆模
	锤子	拆模
	定位销起拔器	拆定位销
	胶枪	模具拼缝打胶密封
模具加工	手电钻	钻孔
	磁力钻	钻孔
	角磨机	打磨
	电焊机	焊接
	切割机	切断
	砂轮机	打磨
构件修补	磨片	打磨混凝土
	砂板	打磨混凝土
	刮板	清除水泥浆
	刷子	清除灰尘
	吹风机	清除灰尘

第七节
试验检测设备

一、试验室设备

　　一般装配式构件工厂都设置试验室，试验室设备主要分为骨料检测设备、粉料检测设备、钢筋检测设备、混凝土试验设备等，常用的设备有摇筛机、烘箱、氯离子检测仪、抗折抗压一体机、负压筛析仪、压力机、万能试验机、标准养护箱等。

试验工作由专业试验员负责，这里不做详细介绍。

二、检测设备

1. 混凝土回弹仪

混凝土回弹仪（见图 2 - 34）是一种检测装置，适于检测各种混凝土构件的强度。

图 2 - 34　混凝土回弹仪

2. 混凝土测厚仪

混凝土测厚仪（见图 2 - 35）主要用于检测钢筋保护层厚度、钢筋位置分布、钢筋数量等。

图 2 - 35　混凝土测厚仪

3. 水平尺

水平尺（见图2－36）可以用来测量模台及构件表面的平整度。

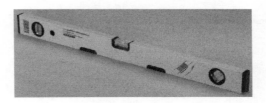

图2－36 水平尺

4. 游标卡尺

游标卡尺（见图2－37）是一种测量长度、内外径、深度的量具，可用来测量模具、预埋件、配件等。

图2－37 游标卡尺

5. 钢卷尺

钢卷尺（见图2－38）是常用的长度测量工具，用于模具及构件的外形尺寸测量。

图2－38 钢卷尺

第八节
设备维护与保养

一、设备分类管理

分类原则：设备故障对生产的影响程度；故障修复的难易程度；设备原值、是否是单台设施（或是否可替代）三方面来衡量。设备分类管理如表 2 – 34 所示。

表 2 – 34　　　　　　　　　设备分类管理

管理级别	定义	具体设备
A 类	故障导致生产线停线的设备	搅拌站、铲车、鱼雷罐、布料机、堆垛机、横移车、配电站
B 类	故障导致生产减产的设备	起重机、叉车、电瓶车、锅炉、空压站、网焊机、数控弯箍机、数控调直机
C 类	A 类、B 类设备之外的其他小型生产设备	小型钢筋设备、地磅、电焊机、切割机、套丝机、钻床、砂轮机等

二、设备分级保养

1. 日常维护保养

由操作工认真检查设备，擦拭各个部位和加注润滑油。

2. 一级保养

以操作工为主，维修工辅导，按计划对设备进行局部拆卸、检查和清洗。

3. 二级保养

以维修工为主，列入设备的检修计划，对设备进行部分解体检查和修理。

三、常用设备维护保养要点

设备的正常运行是保证顺利生产的前提，因此要重视设备的维护保养。制定设备管理制度并落实责任人；建立健全设备管理档案，包括维护、保养、维修记录；制订好日、周、月、年的维护保养计划并有效实施。

1. 混凝土运输小车（鱼雷罐）

（1）行走轮主要故障点：固定螺栓松脱、轴承损坏、行走轮磨损。螺栓松脱上螺纹紧固胶，轴承每6个月左右进行更换，行走轮可以拆下重新包胶。

（2）集电器主要故障点：支架变形、集电器触点失效、滑线固定架变形。二级保养时需对此三部分仔细检查，一旦故障至少停线一小时。

（3）料斗结渣为鱼雷罐常见故障，主要是班后未及时清洗或故障时未及进清理，配备25MPa高压清洗机每天上料后进行清洗，月度一级保养时清理掉积渣。

（4）减速箱注意检查油位，添加中负荷齿轮油。

2. 布料机

（1）液压站主要故障点：进油滤油器与回油滤油器堵塞，导致吸油与回油不顺，油泵吸空；电磁阀组线圈损坏，液压油泵磨损，系统油力上不来；油缸密封件磨损等。每年检查清理一次滤芯或更换。

（2）料斗结渣：平时工作完毕后进行清洗，停电或设备故障时一定要及时组织清理余料，防止结渣。

（3）搅拌下料轴主要故障：密封损坏漏浆、润滑油路堵塞打不进油。二级保养应重点检修，每班作业将手动加油器按压 3 ~ 5 下。

3. 混凝土搅拌站

（1）主机：每月检查主机油位，每年更换齿轮油。

（2）主机减速机：每月检查油位，每年更换齿轮油。

（3）主机电机：每月电机前后轴承加 3 号锂基脂。

（4）卸料门：检查料门开关，回转轴加脂。

（5）料门开关：清洗时避免进水。

（6）料门回转轴：每月加 3 号锂基脂。

（7）提升机构：每月检查轨道连接点，提升斗轴承加脂。

（8）搅拌臂行星轴：每月加 3 号锂基脂。

（9）提升斗与轨道：每月检查提升斗轴承与轨道连接点，轴承加 3 号锂基脂。

（10）提升减速机组：每月检查减速机油位，电机轴承位加 3 号锂基脂，钢丝绳抹油。

4. 起重机

（1）起升葫芦：导绳器、电机制动每 3 个月检查调整一次。

（2）钢丝绳：每三个月抹油。

（3）吊钩：每班检查。

（4）遥控器：每班检查，常见故障有按键卡阻、失灵、内部断线等，处理方法一般采用清洗电路板、按键加脂润滑等。

（5）制动器：每三个月进行检查调整。

5. 其他设备

按设备说明书或保养手册的规定，进行维护和保养工作。

第三章

生产准备

第一节
生产计划

一、编制依据

生产计划编制依据如下。

（1）设计图纸汇总的预制构件清单；

（2）合同约定的交货期、总工期、供货时间节点及技术要求等合同附件；

（3）订单工作量及实际生产能力；

（4）不利因素的影响。

二、影响因素

生产计划影响因素如下。

（1）预制构件的种类、数量和复杂程度；

（2）设备与设施可利用的生产能力；

（3）劳动力的调配与平衡能力；

（4）模具种类、数量及到货时间；

（5）原材料、配套件种类、数量及到货时间；

（6）存放场地可利用的存放空间；

（7）工器具的配备情况；

（8）能源的供给情况；

（9）作业人员技术方面的保障能力。

编制计划时要尽可能考虑到以上影响计划实施的因素。编制计划要定量，还要有灵活性，当有些生产环节成为瓶颈时，可以采用灵活的办法加以解决。

三、编制要求

生产计划编制要求如下。

（1）保证按时交货（要充分考虑构件修复的预留时间）；

（2）要有确保产品质量的措施；

（3）编制计划要尽可能降低生产成本；

（4）尽可能做到生产均衡；

（5）生产计划要详细，一定要落实到每一天，每一个预制构件；

（6）生产计划要定量；

（7）生产计划要找出制约计划的关键因素，关键线路重点标识清楚。

（8）每日生产计划要提前一天下达给作业班组并报送质检部。

四、编制方法

1. 总计划

总计划是项目全过程控制的一个纲领性计划，主要包括以下内容。

（1）技术准备时间；

（2）模具设计、制作周期；

（3）原材料、配套件到厂时间；

（4）试生产（包括人员培训、首件验收）时间；

（5）正式生产时间；

（6）出货时间；

（7）每个项目中每一层预制构件生产的具体时间。

2. 分项计划

分项计划是相关工作根据总计划落实到天、落实到件、落实到模具、落实到人员的详细计划，主要包括以下内容。

（1）编制模具计划；

（2）编制劳动力计划；

（3）编制材料、配套件计划；

（4）编制设备、工具计划；

（5）编制存放场地使用计划；

（6）编制能源使用计划；

（7）编制安全措施、护具使用计划等。

五、生产计划编制样表

1. 产能需求分析用表

（1）根据构件拆分及深化设计图，按照项目各楼栋的预制构件数量填写预制构件统计表（见表 3 – 1）。

（2）根据生产线的流水节拍，按项目填写产能分析表（见表 3 – 2），产能应满足项目需求。

表 3 – 1　　　　　　　　　　　预制构件统计表

构件类型	外墙板	内墙板	叠合板	楼梯	阳台	空调板	叠合梁	其他
构件数量								

表 3 – 2　　　　　　　　　　　　产能分析表

构件类型	生产线	单层构件量（个/m³）	单日构件需求量（个/m³）根据一标准层装配时间	单班日产（个/m³）	单层生产天数
外墙板	墙板生产线				
内墙板					
叠合板	叠合板生产线				
楼梯	固定模台线				
空调板					
阳台					
叠合梁					

2. 进度计划表

依据项目现场施工进度及工厂产能，按照项目一个标准层施工作业周期，并确保至少有一个标准层构件的存货量，制订生产进度总计划及项目构件生产计划（见表3－3至表3－4）。

表3－3　　　　　　　　　　生产进度总计划

项目名称		工程量（m³）	进度日期						
			1	2	3	4	5	6	……
项目1	1#楼	800	40			40			
	2#楼	800		40			40		
	3#楼	800			40			40	
项目2	6#楼	600	20	20			20	20	
	9#楼	600			20	20			

表3－4　　　　　　　　　　构件生产计划

楼栋	构件编号	砼量（t）	模具数（个）	构件数（个）	……
1#楼	YZB－Y	0.76	2	364	
	YZB－Z	0.76	1	34	

第二节

材料计划

一、材料计划的编制要求

材料计划的编制要求如下。

（1）编制材料、配套件计划时应充分考虑加工周期、运输时间、到货时间。

（2）应依据图纸、技术要求、生产总计划，编制材料、配套件需求计划。

（3）采购人员与库管员核查需求计划中的材料、配套件的库存数量，根据库存数量和需求计划制订材料、配套件采购和到货计划。

（4）计划要全面覆盖，不能遗漏，需求清单应详尽列明。

二、材料准备工作的主要内容

材料准备工作的主要内容如下。

（1）材料、配套件可以分批采购、分批到货，减少资金占用；材料、配套件到厂时间要有提前量。

（2）外地采购的材料、配套件要考虑运输时间，还要预防突发事件的发生，时间和数量都要有富余量。

（3）材料、配套件准备要考虑到试验和检验验收需要的时间。

（4）各种材料及配套件要尽量选择两家以上的供货商，以避免供货商突发事件影响供货。

三、材料计划样表

材料实需计划样表如表3-5所示。

表3-5　　　　　　　　　　材料实需计划

序号	物料名称	规格	单位	计划数量	备注
1	混凝土	C40	m^3		
2	混凝土	C35	m^3		
3	混凝土	C30	m^3		
4	砂	按实验室要求	t		
5	石	按实验室要求	t		
6	水泥	按实验室要求	t		
7	外加剂	按实验室要求	t		

续表

序号	物料名称	规格	单位	计划数量	备注
8	钢筋用量	—	t		
9	钢筋连接套筒	CT12、C14	个		
10	脱模剂	—	L		
11	缓凝剂	—	kg		

第三节
设备机具准备

一、检查

设备机具检查要求如下。

（1）检查设备和工具的完好情况，并进行必要的试运转。

（2）检查动力系统（水、电、汽）的完好情况，并进行必要的调试。

（3）做好设备自校和检定工作，为生产正常运行做好准备。

二、合理安排

应合理安排设备机具，具体要求如下。

（1）充分考虑设备的生产能力，设备能力不能满足生产要求时，要有应急预案来保证交货期。

（2）充分考虑设备出现故障对生产带来的影响。

（3）多个项目同时进行生产时，做好设备和工具的平衡和调配。

三、设备计划样表

设备（机具）实需计划样表如表 3 - 6 所示。

表 3 - 6　　　　　　　　设备（机具）实需计划

序号	设备名称	规格型号	数量	需求时间
1	数控钢筋弯箍机			
2	钢筋调直切断机			
3	数控卧式弯曲中心			
4	数控剪切生产线			
5	钢筋直螺纹套丝机			
6	钢筋网片焊接生产线			
7	桁架焊接生产线			
8	弯箍机收料装置			
9	双梁桥式起重机			
10	门式起重机			
11	叉车			
12	铲车			
13	装载机			
14	……			

第四节
作业人员准备

一、劳动力需求计划

根据生产情况，制订劳动力需求计划。计划内容应包括：工种、人数、需求时间、需用时长、岗位技能要求等。

二、人员培训

作业前，应对相关作业人员进行以下几个方面的培训。
（1）工厂相关管理规定说明。
（2）安全生产交底。
（3）生产工艺交底。
（4）设备操作使用说明。

三、岗位分配

在进行岗位分配时，需遵循以下原则。
（1）培训合格的人员，根据需求安排岗位。
（2）宜采用以老带新的人员搭配原则。
（3）重要岗位，如布料机操作员、中控室操作员，要设置两名以上人员。
（4）特殊工种，如起重工、电工等应持证上岗。

四、劳动力需求计划样表

劳动力需求计划样表如表 3 - 7 所示。

表 3 - 7　　　　　　　　　　劳动力需求计划

序号	工种	专业要求	工作经验	技能要求	人员数	预计到岗时间
1	班长					
2	中控室操作员					
3	布料机操作员					
4	吊车司机					
5	模具安装工					
6	钢筋安装工					
7	混凝土振捣工					
8	钢筋下料工					
9	抹面压光瓦工					
10	起重工					
11	构件维修工					
12	电焊工					
13	电工					
14	……					

第五节
技术交底

一、技术交底的目的

技术交底是把设计要求、施工措施逐级贯彻到基层工人的有效方法，是技术管理中的一项重要环节。其目的是使作业人员对项目特点、技术质量要求、生产工艺、操作方法和安全措施等方面有一个较详细的了解，以便科学地组织生产，避免技术质量等事故的发生。

二、技术交底分类

技术交底分类如下。

（1）图纸会审由技术部负责；

（2）生产工艺交底由生产部门负责（其中混凝土配合比由实验室提供）；

（3）安全技术交底由安全部门负责。

三、技术交底的主要内容

技术交底的主要内容如下。

（1）设计图纸的技术交底；

（2）混凝土配合比技术交底；

（3）套筒灌浆钢筋接头加工技术交底；

（4）模具组装与脱模技术交底；

（5）钢筋骨架制作与入模技术交底；

（6）套筒固定方法技术交底；

（7）预埋件或预留孔内固定方法技术交底；

（8）机电设备管线、防雷引下线埋置、定位、固定技术交底；

（9）混凝土浇筑技术交底；

（10）夹心保温板的浇筑方式、拉结件锚固方式和保温板铺放方式等技术交底；

（11）预制构件养护技术交底；

（12）粗糙面方法技术交底；

（13）装饰一体化预制构件制作技术交底；

（14）大型预制构件或特殊预制构件制作工艺技术交底；

（15）固定模台生产的预制构件脱模、翻转技术交底；

（16）预制构件修补方法技术交底；

（17）各种预制构件吊具使用技术交底；

（18）各种预制构件场地存放、装车、封车固定、运输技术交底；

（19）敞口预制构件、L形预制构件吊装、存放、运输、临时加固措施技术交底；

（20）半成品、成品保护措施技术交底。

四、技术交底要点

技术交底要点如下。

（1）技术交底必须在制作前进行，必须有书面的技术交底资料，最好有示范、样板等演示资料，可通过微信、视频等网络方法发布技术交底资料，方便员工随时查看。

（2）技术交底应该分层次进行，直到交底到具体的操作人员。

（3）技术交底时要明确相关人员的责任。

（4）技术交底应有书面记录，作为履行职责的凭据，技术交底记录的表格应有统一标准格式，技术交底人员应认真填写表格并在表格上签字，接收技术交底的人员也应在交底记录上签字。

五、技术交底记录样表

技术交底记录样表如表3-8所示。

表 3 – 8 技术交底记录

记录编号		交底日期		第　页/共　页
工程名称		分项工程		
交底部位		施工班组		
交底人签字		接受人签字		
交底应包括以下主要内容： 施工方法和施工工艺；使用的材料；施工机具；质量要求；安全注意事项；其他需要说明的内容。				

第四章

预制构件生产

第一节

工艺流程

预制构件生产的工艺流程,如图4-1所示。

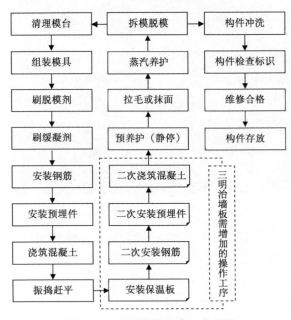

图4-1 预制构件生产工艺流程

第二节
操作要点

一、模具安装操作要点

模具安装操作要点如下。

（1）模具安装前，应对进场的模具进行扭曲、尺寸、角度以及平整度的检查，确保各使用的模具符合国家相关规范要求（见图 4 - 2）。

图 4 - 2　模具安装

（2）根据生产计划，确定构件编号、模具编号。

（3）模具安装的主要材料包括脱模剂、水平缓凝剂、垂直缓凝剂、胶水、PVC 管、塑料垫块、玻璃胶等。

（4）模具安装的主要机具包括：大刀铲、小刀铲、小锤、两用扳手、撬棍、灰桶、高压水枪、磨机（钢丝球、砂轮片）、砂纸、干扫把、干拖把、毛刷、卷尺、弹簧剪刀、螺丝刀、弹簧、玻璃胶枪等。

（5）模具安装前必须进行清理，清理后的模具内表面的任何部位不得有残留杂物。

（6）模具安装应按模具安装方案要求的顺序进行。

（7）固定在模具上的预埋件、预留孔位置准确、安装牢固，不得遗漏。

（8）模具安装就位后，接缝及连接部位应有接缝密封措施，不得漏浆。

（9）模具安装后相关人员应进行质量验收。模具的平整度需每周循环检查一次。模具内表面应干净光滑，无混凝土残渣等任何杂物，钢筋出孔位及所有活动块拼缝处应无累积混凝土，模具拼缝处无漏光。

（10）模具安装验收合格后模具面均匀涂刷脱模剂，模具夹角处不得漏涂，钢筋、预埋件不得沾有脱模剂。

（11）脱模剂应选用质量稳定、适于喷涂、脱模效果好的水性脱模剂。

二、钢筋安装操作要点

钢筋安装操作要点如下。

（1）钢筋半成品的型号、数量、间距、尺寸、搭接长度及外露长度符合施工图纸及规范要求。

（2）外委加工的钢筋半成品、成品进场时，钢筋加工单位应提供被加工钢筋力学性能试验报告和半成品钢筋出厂合格证，应对进场的钢筋半成品进行抽样检验。

（3）钢筋安装主要机具包括切割机、电动钢筋绑扎机、吊具、卷尺、扎钩等。

（4）钢筋安装分为钢筋骨架整体入模和钢筋半成品入模绑扎（见图4-3）。

图4-3 钢筋安装

（5）钢筋骨架应绑扎牢固，防止整体吊装时变形或散架。宜采用吊具进行吊装，吊装入模后，对钢筋骨架位置进行调整确认，然后在模具内绑扎必要的辅筋和加强筋。

（6）半成品钢筋根据构件配筋图，按顺序排布于模具内，确保各类钢筋位置准确。单层网片宜先绑扎四周再绑扎中间；双层网片宜先绑扎下层再绑扎上层。面层网片应满绑；非面层网片可四周两道满绑，中间间隔可梅花状绑扎，但不得存在相邻两道未绑现象。

（7）绑扎钢筋的扎点应牢固无松动，扎丝头不可伸入保护层。

（8）所有钢筋交接位置及驳口位必须稳固扎妥。

（9）预留孔位须加上足够的洞口钢筋。

（10）使用合适数量的塑料垫块，确保钢筋保护层厚度符合要求。

（11）绑扎完成后，清理模具内的杂物及断绑丝等。

（12）钢筋骨架整体尺寸准确。

（13）钢筋安装完成后相关人员进行质量验收。

三、预埋件安装操作要点

预埋件安装操作要点如下。

（1）预埋件安装前应核对类型、品种、规格、数量等，不得错装或者漏装（见图4－4）。

图4－4　预埋件安装

（2）按工艺要求保证预埋件的安装方向正确。

（3）预埋件安装顺序一般遵循：先主要后次要，先大后小的原则。

（4）预埋件安装位置准确，且须牢固，防止位移。

（5）底部带孔的预埋件应按要求插入加强钢筋，并防止加强筋移动。

（6）线盒、线管安装时，应采取胶带封头等措施，防止混凝土污染堵塞。

（7）线盒的固定形式有压顶式、磁吸式、芯模固定式、绑扎固定式，可根据工况合理选用，也可组合使用。

（8）目前项目基本采用半灌浆套筒，套筒应预先与钢筋螺纹连接，套筒随钢筋骨架整体入模。入模后，套筒应采用工装定位准确牢固，须保证浇筑混凝土时无位移。

（9）预埋件与钢筋位置冲突时，不可擅自修改，根据设计院给出的方案进行合理避让。

四、混凝土浇筑操作要点

混凝土浇筑操作要点如下。

（1）混凝土浇筑分为半自动浇筑和人工浇筑（见图4-5）。半自动浇筑是由人工控制自动布料机，通过机械自动给料完成混凝土入模；人工浇筑是由人工控制起重机吊运料斗，通过人工给料完成混凝土入模。

图4-5　混凝土浇筑

（2）浇筑混凝土前，检查模具内表面干净光滑，无混凝土残渣等任何杂物，钢筋出孔位及所有活动块拼缝处无累积混凝土。叠合板外露桁架筋部分采取防护，避免浇筑时对桁架筋造成污染。

（3）混凝土浇筑宜一次完成。

（4）在任何情况下都不允许往混凝土内私自加水。

（5）浇筑混凝土应连续均匀，从模具一端开始向另一端浇筑，且应在混凝土初凝前全部完成。

（6）混凝土下落高度不宜超过600mm。

（7）混凝土浇筑过程中，观察模板、钢筋、预埋件和预留孔洞的状态，当发生变形和位移时，应立即停止浇筑，对出现位移和变形的部位调整后，方可继续完成浇筑。

（8）在混凝土浇筑的同时，应按要求制作试块。

五、混凝土振捣操作要点

混凝土振捣操作要点如下。

（1）混凝土振捣采用机械振捣方式，分为振捣台自动振捣和人工振捣棒振捣。

（2）自动振捣台可以通过水平和垂直方向的振动，使混凝土达到密实。操作时，要控制好入模混凝土量，必要时可在振捣前进行人工摊平和调整，避免出现过振现象。

（3）固定模台采用插入式振捣棒进行振捣，在预埋件多和钢筋密集处，应选用较小型号振捣棒，并且加密振捣点，适当延长振捣时间，避免漏振。

（4）卸混凝土时，不可利用振捣棒把混凝土移到要落的地方。

（5）振捣棒宜垂直于混凝土表面插入，快插慢拔，均匀振捣，先大面后小面，振点间距不超过300mm。

（6）振捣混凝土时，应避免触碰钢筋、预埋件、板模。

（7）混凝土振捣过程中随时观察模具有无变形、漏浆；预埋件有无位移现象。

（8）不可用力过度振捣混凝土，以免混凝土分层离析。

（9）混凝土内已无气泡冒出，表面无明显塌陷，且有水泥浆出现时，应立即停振该位置的混凝土。

六、抹面和拉毛操作要点

抹面和拉毛操作要点如下。

（1）混凝土浇筑完后，用木抹子把露出表面的混凝土压平或把高出的混凝土铲平。

（2）混凝土表面粗平完成后半小时，且混凝土表面的水渍变成浓浆状后，先用铝合金方通边赶边压平，然后用钢抹刀反复抹压两三次，将部分浓浆压入下表层。用灰刀取一些多余浓浆填入低凹处达到砼表面平整，厚度一致，无泛砂，且表面无气孔、无明显刀痕。

（3）在细平表面后半小时且表面的浓浆用手能捏成稀团状时，开始用钢抹刀抹压混凝土表面一两次，并不产生刀痕，表面泛光一致。

（4）混凝土初凝前，在需要拉毛的地方用钢丝耙进行拉毛处理。

（5）在抹面和拉毛过程中，操作人员不允许踩踏在模具、外露钢筋和预埋件上。

（6）预制构件表面混凝土整平后，宜将料斗、模具、外露钢筋及地面清理干净。

七、蒸汽养护操作要点

蒸汽养护操作要点如下。

（1）养护是保证混凝土质量的重要环节，预制构件生产通常选用蒸汽养护。生产线使用养护窑，固定模台使用养护罩。

（2）蒸汽养护流程：预养护（静停）—升温—恒温—降温。

（3）预养护也称静停，时间宜为 2~6h；升温阶段应控制升温速度不超过 20℃/h；恒温最高养护温度不宜超过 70℃，带夹心保温板构件最高养护温度不宜超过 60℃，梁柱等较厚的构件最高养护温度宜控制在 40℃ 以内，恒温时间应在 4h 以上；降温阶段温度下降速度不宜超过 20℃/h，出窑或撤除养护罩时，构件表面温度与环境温度差不应超过 25℃。

（4）养护过程中应设专人进行操作与监控。

（5）养护结束后，应检查养护效果，通过试块抗压试验，确认预制构件是否达到设计要求的拆模所需强度，且不应小于 15N/mm² 。

八、脱模操作要点

脱模操作要点如下。

（1）预制构件脱模前应检查混凝土凝结情况（见图 4-6），确保混凝土强度符合设计脱模要求，且不应小于 15N/mm²（混凝土强度由试验室通过同步试块抗压试验数据确定）。

图 4-6 预制构件脱模

（2）模板的拆除顺序应按模板设计施工方案进行。

（3）预制构件脱模主要工具包括吊梁、吊环、吊链、两用扳手、套筒扳手、铁锤、撬棍、钢卷尺、角尺、记号笔、字模等。

（4）拆模时严禁采用振动、敲打方式拆卸，保证混凝土预制构件表面及棱角不受损伤。

（5）模板和混凝土结构之间的连接应全部拆除，预埋件与模具工装连接的固定螺栓应全部拆除，并确认模具螺丝无漏拆。

（6）将边模水平向外移动，移动模具时不得碰撞构件。

（7）模板拆除后，应及时清理板面，并涂刷脱模剂；对变形部位，应及时修复，模具配件整齐地放在指定位置。

（8）模具拆除后，清理构件表面和预埋件孔，并用泡沫棒或胶带对所有预埋件孔进行封堵保护。

（9）按要求在构件上进行标识，字体顺序正确，编号无歪斜。标识内容包括公司名称缩写、预制件类型、预制件编号、模具编号、工程编号、生产日期、预制件重量等。

（10）构件起吊前，应对需要加固的构件进行可靠的加固处理。

（11）需要侧翻转的构件，应在翻转工位进行，翻转角度宜控制在80°左右。

（12）构件从模台起吊前，宜使用专用吊具，应按设计吊点固定吊环、吊钩、索具等，不得随意减少使用吊点，并确认连接牢靠。

（13）起吊时，起重机吊钩应垂直于构件中心点，以最低起升速度平稳起吊构件，直到构件脱离模台。

九、预制混凝土夹心保温墙板操作要点

预制混凝土夹心保温墙板操作要点如下。

（1）预制混凝土夹心保温墙板多采用反打工艺完成，即按照外叶板—保温板—内叶板的顺序进行预制。

（2）保温板安装注意事项。

①保温板需按照图纸预先进行半成品加工；

②构件外漏保温板周边提前用透明胶带粘贴好；

③安装保温板要在外叶板混凝土初凝前完成；

④安装时，各保温板块确保靠紧；

⑤检查安装后保温板平整度，有凹凸不平的地方需使用橡胶锤及时处理；

⑥保温板四周要靠紧模板；

⑦挤塑板之间的缝隙、拉结件与孔之间的缝隙使用发泡胶封堵。

（3）拉结件安装注意事项。

①拉结件分为金属拉结件和超强纤维（FRP）拉结件（见图4-7至图4-8）。

图4-7 金属拉结件

图4-8 超强纤维（FRP）拉结件

②FRP 拉结件采用插入的方式进行埋设（见图 4-9）。在外叶板浇筑完成后，于混凝土初凝前插入拉结件，防止拉结件在混凝土开始凝结后插不进去，或者虽然插进去但握裹力不足。

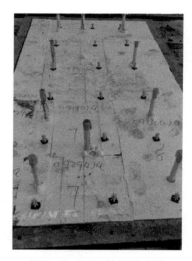

图 4-9　FRP 拉结件安装

③金属拉结件采用预埋的方式进行埋设，在外叶板混凝土浇筑前进行安装，按要求与钢筋进行绑扎（见图 4-10）。

图 4-10　金属拉结件安装

④拉结件的数量、位置必须按照厂家提供的布置方案进行操作。

⑤生产时按照图纸安装，保证安装数量。

⑥在保温板上拉结件的安装位置打孔，再在孔洞内安装连接件；严禁在保温板没打孔的情况下，隔着保温板插入拉结件。

⑦可以使用橡胶锤等质软工具敲击连接件调整位置，使连接件与混凝土充分结合。

⑧控制拉结件在内叶墙和外叶墙内之间的锚固长度。

⑨控制连接件安装的垂直度。

（4）保温板及拉结件安装完成后，再次进行检查，确认拉结件无遗漏，保温板整体平整，无凹凸不平，所有接缝及孔洞用聚氨酯发泡胶填充密实。

（5）操作过程中，严禁触及已经安装完成的拉结件，避免拉结件与混凝土的握裹受到扰动，导致无法满足锚固要求，出现重大安全质量隐患。

十、钢筋加工操作要点

1. 钢筋翻样

（1）钢筋因弯曲或弯钩会使其长度发生变化，不能直接根据图纸中尺寸下料；必须了解对混凝土保护层、钢筋弯曲、弯钩等的规定，再根据图中尺寸计算其下料长度。各种钢筋下料长度计算如下。

①直钢筋下料长度 = 构件长度 - 保护层厚度 + 弯钩增加长度。

②弯起钢筋下料长度 = 直段长度 + 斜段长度 - 弯曲调整值 + 弯钩增加长度。

③箍筋下料长度 = 箍筋周长 + 箍筋调整值。

上述钢筋需要搭接的话，还应增加钢筋搭接长度。

（2）钢筋弯曲调整值（见表 4 - 1，d 为钢筋直径）。

表 4 - 1　　　　　　　　　钢筋弯曲角度与调整值

钢筋弯曲角度	30°	45°	60°	90°	135°
钢筋弯曲调整值	0. 3d	0. 5d	1d	2d	3d

（3）钢筋弯钩增加长度（见表 4 - 2，d 为钢筋直径）。

表 4 - 2　　　　　　　　　钢筋弯钩角度与增加长度

钢筋弯钩角度	90°	135°	180°
钢筋弯钩增加长度	0. 3d + 5d	0. 7d + 10d	4. 25d

2. 钢筋加工计划

根据构件生产计划、构件图纸及翻样表编制钢筋加工计划，如表 4 - 3 所示。

表 4 - 3　　　　　　　　　钢筋加工计划表

工程名称			分部分项			供货时间		
构件名称	构件数量	钢筋编号	成型大样	直径钢号	下料长度	数量（根）	总长度	总重量
编制时间			编制		审核		批准	

3. 钢筋除锈

（1）钢筋的表面应洁净；油渍、漆污和用锤敲击时能剥落的浮皮、铁锈等应在使用前清除干净；在焊接前，焊点处的水锈应清除干净。

（2）钢筋的除锈，一般可通过以下两个途径：一是在钢筋冷拉或钢筋调直过程中除锈，对大量钢筋的除锈较为经济省力；二是用机械方法除锈，如采用电动除锈机除锈，对钢筋的局部除锈较为方便。此外，还可采用手工除锈（用钢丝刷、砂盘）、喷砂除锈等。

4. 钢筋调直

（1）采用钢筋调直机调直冷拔钢丝和细钢筋时，要根据钢筋的直径选用调直模和传送压辊，并要正确掌握调直模的偏移量和压辊的压紧程度。

（2）调直模的偏移量，根据其磨耗程度及钢筋品种通过试验确定；调直筒两端的调直模一定要在调直前后导孔的轴心线上，这是钢筋能否调直的一个关键。

（3）压辊的槽宽，一般在钢筋穿入压辊之后，在上下压辊间宜有3mm之内的间隙；压辊的压紧程度要做到既保证钢筋能顺利地被牵引前进，看不出钢筋有明显的转动，而在被切断的瞬时，钢筋和压辊间又能允许发生打滑。

5. 钢筋剪切

（1）将同规格钢筋根据不同长度需求进行长短搭配，统筹排料；一般应先断长料，后断短料，减少短头，降低损耗。

（2）断料时应避免用短尺量长料，防止在量料中产生累计误差。为此，宜在工作台上标出尺寸刻度线并设置控制断料尺寸用的挡板。

（3）在切断过程中，如发现钢筋有劈裂、缩头或严重的弯头等，必须切除；如发现钢筋的硬度与该钢种有较大的出入，应及时向试验员反映，查明情况。

（4）钢筋的断口，不得有马蹄形或起弯等现象。

6. 钢筋套丝加工（见图4-11）

（1）对端部不直的钢筋要预先调直，按规程要求，切口的端面应与轴线垂直，不得有马蹄形或挠曲。刀片式切断机和氧气吹割都无法满足加工精度要求，通常只有采用砂轮切割机，按配料长度逐根进行切割。

（2）加工丝头时，应采用水溶性切削液，当气温低于0℃时，应掺入15%～20%的亚硝酸钠。严禁用机油作切削液或不加切削液加工丝头。

（3）丝头加工长度为标准型套筒长度的1/2，其公差为1P（P为螺距）。

（4）应按要求检查丝头的加工质量，每加工10个丝头用通止规检查一次，钢筋丝头参数应符合表4-4的要求。

表4-4　　　　　　　　　　钢筋剥肋滚丝参数

钢筋规格	φ12	φ14	φ16	φ18	φ20	φ22	φ25
剥肋直径（mm）	11.3	13.2	15.2	17.1	19.1	21.3	24.2
剥肋长度（mm）	18	19	21	23	25.5	28	30.5
丝头长度（mm）	18～20	22～24	24～26	26.5～29	29～31.5	31.5～34	34～36.5
丝头扣数	9～10	11～12	12～13	10.5～11.5	11.5～12.5	12.5～13.5	13.5～14.5
拧紧力矩（N·m）	100	100	100	200	200	260	260

图4-11　钢筋套丝示意

十一、混凝土试配与搅拌操作要点

1. 混凝土试配

（1）混凝土试配要求：预制构件多使用自拌混凝土，自拌混凝土不需要较长的初凝时间，但应考虑预制构件的制作工艺特点及要求，比如要有良好的和易性、初凝时间要合理（一般初凝时间为 1～3h）、脱模强度不低于 15MPa 等。因此，预制构件的混凝土配合比设计，除了要保证 28d 强度、耐久性要求外，从制作工艺的特点出发，会有其特殊的试配要求，配置时要有一定的富裕系数，配制强度要大于预制构件设计强度。

（2）国家标准《装配式混凝土建筑技术标准》GB/T 51231 第 9.6.2 条规定："混凝土工作性能指标应根据预制构件产品特点和生产工艺确定，混凝土配合比设计应符合国家现行标准《普通混凝土配合比设计规程》JGJ 55 和《混凝土结构工程施工规范》GB 50666 的有关规定。"主要包括以下内容：配合比设计要满足混凝土配制强度及其他力学性能、拌合物性能、长期性能和耐久性能的设计要求；配合比设计应采用项目上实际使用的原材料，所采用的细骨料含水率应小于 0.5%，粗骨料含水率应小于 0.2%；矿物掺合料在混凝土中的掺量应通过试验确定；混凝土的最大水胶比应符合现行国家标准《混凝土结构设计规范》GB 50010 中第 3.5.3 条的规定（见表 4-5）。

2. 混凝土搅拌

（1）混凝土搅拌设备采用具有自动计量装置、生产数据有逐盘记录和实时查询功能的强制式搅拌机，设置专人操作。

表 4 – 5　　　　　　结构混凝土材料的耐久性基本要求

环境等级	最大水胶比	最低强度等级	最大氯离子含量（%）	最大碱含量（kg/m³）
一	0.60	C20	0.30	不限制
二 a	0.55	C25	0.20	
二 b	0.50（0.55）	C30（C25）	0.15	3.0
三 a	0.45（0.50）	C35（C30）	0.15	
三 b	0.40	C40	0.10	

（2）控制好节奏。预制构件作业不像现浇混凝土那样是整体浇筑，而是逐个进行预制构件浇筑，每个预制构件的混凝土强度等级可能不一样，混凝土量一般也不一样，前道工序完成的节奏也会有差异。所以混凝土搅拌作业必须控制节奏，搅拌混凝土强度等级、时机与混凝土数量必须与已经完成前道工序的预制构件的需求一致，既要避免搅拌量过剩或搅拌后等待入模时间过长，又要尽可能提高搅拌效率。

（3）原材料须符合质量要求，特别是骨料的含水率不宜有太大的起伏。

（4）严格按照配合比设计投料，计量应准确。

（5）搅拌时间要充分。

（6）避免余料浪费，一般宜先搅拌强度等级较高的混凝土，后搅拌强度等级低的混凝土。

（7）搅拌不同强度等级的混凝土，每个等级搅拌的第一盘混凝土要详细检验。

（8）混凝土应按照实验室签发的混凝土配合比通知单进行生产，原材料每盘称量的允许偏差应符合表 4 – 6 规定。

（9）混凝土搅拌严禁事项：不合格的原材料严禁投入使用；骨料含水率起伏较大时，宜采用手动控制进行搅拌；不同品牌不同强度等级的水泥严禁混用；不同品种、不同性能的外加剂、矿物掺合料严禁混用；严禁擅自调整配合比；性能检验不达标的混凝土严禁投入预制构件生产；搅拌后时间间隔过长，开始初凝的混凝土严禁投入预制构件生产。

表 4 – 6　　　　　　　　　混凝土原材料称量允许偏差

项次	材料名称	允许偏差
1	胶凝材料	± 2%
2	粗、细骨料	± 3%
3	水、外加剂	± 1%

3. 搅拌计量系统检查

（1）对搅拌计量系统要定期检查，每次停产后恢复生产前都要进行一次系统的检查，正常生产时，每周要对搅拌计量系统检查一次。

（2）搅拌操作系统里有校称的选项，进入后用标定的砝码进行称重检验，也可用已知重量且等重的物体（如已知重量的钢段、铁块等）代替砝码来校称。

4. 坍落度检测

（1）混凝土浇筑前，要检测坍落度。坍落度宜在浇筑地点随机取样检测，经坍落度检测合格的混凝土方可使用。

（2）如坍落度检测值在配合比设计允许范围内，且混凝土黏聚性、保水性、流动性均良好，则该盘混凝土可正常使用。反之，如坍落度超出配合比设计允许范围或出现崩塌、严重泌水或流动性差等现象时，应禁止使用该盘混凝土。

（3）当实测坍落度大于设计坍落度的最大值时，则该盘混凝土不得用于浇筑当前预制构件。如混凝土和易性良好，可以用于浇筑比当前混凝土设计强度低一等级的预制构件；如混凝土和易性不良，存在严重泌水、离析、崩塌等现象，则该盘混凝土禁止使用。

（4）当实测坍落度小于设计坍落度的最小值，但仍有较好的流动性，则该盘混凝土可用于浇筑同强度等级的叠合板、墙板等较简单、操作面较大且容易浇筑的预制构件，否则应通知试验室对该盘混凝土进行技术处理后才能使用。

5. 混凝土抗压强度检验

（1）混凝土检验试件应在浇筑地点取样制作。

（2）每拌制 100 盘且不超过 100m³ 的同配合比混凝土为一检验批，每工作班拌制的同一配合比的混凝土不足 100 盘时，按一检验批取样。

（3）每批制作强度检验试块不少于 3 组、随机抽取 1 组进行同条件转标准养护后进行强度检验，其余可作为同条件试件在预制构件脱模和出厂时控制其混凝土强度；还可根据预制构件吊装、张拉和放张等要求，留置足够数量的同条件混凝土试块进行强度检验。

（4）蒸汽养护的预制构件，其强度评定混凝土试块应随同构件蒸养后，再转入标准条件养护。构件脱模起吊、预应力张拉或放张的混凝土同条件试块，其养护条件应与构件生产中采用的养护条件相同。

（5）除设计有要求外，预制构件出厂时的混凝土强度不宜低于设计混凝土强度等级值的 75%。

十二、预制构件存放与倒运操作要点

1. 存放要求

存放要求见图 4 – 12 至图 4 – 13。

（1）对存放场地占地面积进行计算，编制存放场地平面布置图。

（2）根据构件的重量和外形尺寸，设计并制作好成品存放架。

图 4 - 12　预制构件平放

图 4 - 13　预制构件立放

　　（3）主要机具包括吊梁、吊环、吊链、吊架、尼龙吊装带、存放架、翻转架等。

　　（4）预制件应按项目、构件类型、现场施工进度等因素进行分区，集中存放。

　　（5）存放场地应平整，排水设施良好，道路畅通。

　　（6）叠合楼板宜平放，叠放不宜超过 6 层；预制楼梯叠放不宜超过 4 层；预制梁柱叠放不宜超过 3 层；预制墙板宜竖直插放或靠放。

（7）构件叠放时，应垫木块防止相互碰撞造成损坏，垫块应高于吊点、桁架筋等外露部件，且各层支点在纵横方向都应保持在同一垂直线上。

（8）存放期间应定时监测构件有无翘曲、变形、开裂情况，发现后及时处理。

（9）构件外露钢筋及预埋件等，应采取必要的防锈防污措施。

2. 倒运要求

（1）成品构件倒运前，确认工作台附近是否有人作业及其他不安全因素。

（2）成品构件起吊前应检查吊具索具位置是否正确，吊钩是否全部勾好。

（3）成品构件起吊和摆放时，需轻起慢放，避免损坏。

3. 成品构件的养护要求

成品构件的养护要求如下。

（1）构件脱模后堆放期间，白天宜每隔两小时淋水养护一次；如天气炎热或冬季干燥时，适当增加淋水次数或覆盖麻袋保湿。

（2）预制件的表面混凝土宜保持湿润至少4天。

（3）淋湿预制件顺序为自上而下。

（4）检查开始养护的预制件是否全部浇湿。

（5）若预制件表面干燥，要立即补做淋水养护。

（6）在开始养护的预制件上挂牌标明，养护完成后牌摘下。

十三、预制构件运输

1. 预制构件运输方式

（1）预制构件的运输宜选用低底盘平板车（长为13m）或低

底盘加长平板车（长为 17.5m）。目前也有专用构件运输车辆。

（2）立式运输：对于内、外墙板等竖向预制构件多采用立式运输方式。在低底盘平板车上放置专用运输架，墙板对称靠放或者插放在运输架上。立式运输的优点是装卸方便、装车速度快、运输安全性好；缺点是预制构件的高度或运输车底盘较高时可能会超高，在限高路段无法通行（见图 4 – 14）。

图 4 – 14 预制构件立放运输

（3）水平运输：水平运输方式是将预制构件单层平放或叠层平放在运输车上进行运输。叠合楼板、阳台板、楼梯及梁、柱等预制构件通常采用水平运输方式。梁、柱等预制构件叠放层数不超过 3 层；预制楼梯叠放层数不宜超过 4 层；叠合楼板等板类预制构件叠放层数不宜超过 6 层。水平运输方式的优点是装车后重心较低、运输安全性好、一次能运输较多的预制构件；缺点是对运输车底板平整度及装车时支垫位置、支垫方式及装车后的封车固定等要求较高（见图 4 – 15）。

图 4 – 15 预制构件平放运输

（4）异形预制构件和大型预制构件运输方式：异形预制构件和大型预制构件须按设计要求确定的可靠运输方式。

2. 预制构件装卸操作要点

预制构件装卸操作要点如下。

（1）首次装车前应与施工现场预先沟通，确认现场有无预制构件存放场地。如构件从车上直接吊装到作业面，装车时要精心设计和安排，按照现场吊装顺序来装车，先吊装的构件要放在外侧或上层。

（2）预制构件的运输车辆应满足构件尺寸和载重的要求，避免超高、超宽、超重。当构件有伸出钢筋时，装车超宽长复核时应考虑伸出钢筋长度。

（3）预制构件装车前应根据运输计划合理安排装车构件的种类、数量和顺序。

（4）进行装卸预制构件时，应采取两侧对称装卸，保证车体平衡。

（5）进行装卸预制构件时应有技术人员等在现场，指导作业。

（6）预制构件应严格按照设计吊点进行起吊。

（7）起吊前须检查确认吊索、吊具与预制构件连接可靠，安装牢固。

（8）控制好吊车速度，避免构件有大幅度摆动。

（9）吊运路线下方禁止有工人作业。

（10）装车时最下一层预制构件下面应垫平、垫实。

（11）装车时如果有叠放的预制构件，每层构件间的垫木或垫块应在同一垂直线上。

（12）异形偏心预制构件在装车时要充分考虑重心位置，防止偏重。

（13）首次运输应安排车辆跟踪观察，以便确定和完善装车运输方案。

3. 预制构件运输封车固定要求

预制构件运输封车固定要求如下。

（1）要有采取防止预制构件移动、倾倒或变形的固定措施，构件与车体或架子要用封车带绑在一起。

（2）预制构件有可能移动的空间，要用聚苯挤塑板或其他柔性材料进行隔垫，保证车辆在转急弯、紧急制动、上坡、颠簸时，构件不移动、不倾倒、不磕碰。

（3）宜采用木方作为垫方，木方上应放置白色胶皮，以防滑移及防止预制构件垫方处造成污染或破损。

（4）预制构件相互之间要留出缝隙，构件之间、构架与车体之间、构件与架子之间要有隔垫，以防在运输过程中构件受到摩擦及磕碰。设置的隔垫要可靠，并有防止隔垫滑落的措施。

（5）竖向薄壁预制构件须设置临时防护支架。固定构件或封车绳接触的构架表面，要有柔性且不会造成污染的隔垫。

（6）在运输架子时，应对托架、靠放架、插放架进行专门设计，保证架子的强度、刚度和稳定性，并于车体固定牢固。

（7）采用靠放架立式运输时，预制构件与车底板面倾斜角度不宜大于80°，构件底面应垫实，构件与底部支垫不得形成线接触。构件应对称靠放，每侧不超过2层，构件层间上部需要用木垫块隔离，木垫块应有防滑落措施。

（8）采用插放架立式运输时，应采取防止预制构件倾倒的措施，于是构建之间应设置隔离垫块。

（9）夹心保温板采用立式运输时，支撑垫方、垫木的位置应设置在内、外叶板的结构受力一侧，如夹心保温板自重由内叶板承重，应将存放、运输、吊装过程中的搁置点设于内叶板一侧（承受竖向荷载一侧），反之亦然。

（10）对于立式运输的预制构件，由于重心较高，要加强固定措施，可以采取在架子下部增加沙袋等配重措施，确保运输的稳定性。

（11）对于超高、超宽、形状特殊的大型预制构件的装车及运输，应制定专门的安全保证措施。

第三节
典型构件生产案例

一、工艺介绍

以预制混凝土夹心保温外墙板（三明治外墙板）为例，介绍其生产过程。

预制结构、保温、装饰一体化外墙板构件的生产，采用反打工艺。此种工艺埋件采用模具工装固定，能更好地控制埋件的精度。

二、工艺流程

预制混凝土夹心保温外墙板生产工艺流程如下。

（1）保护层（外叶墙）施工：拼装模具→绑扎钢筋网片→浇筑外叶墙板。

（2）保温层（挤塑板）施工：外叶墙板初凝前放置保温板→插放 FRP 拉结件。

（3）结构层（内叶墙）施工：拼装内叶墙边模→吊入内叶墙钢筋笼→预埋件安装→浇筑内叶墙板→抹光。

（4）蒸汽养护及拆模施工：混凝土养护→拆除模板→预制墙板起吊→预制墙板粗糙面处理→外墙装饰面清洗→标识存储。

三、工序操作图解

预制混凝土夹心保温外墙板生产工序操作图解如下。

（1）清理模台及模具，按图纸放线定位、组模、涂刷脱模剂及缓凝剂（见图 4 - 16）。

图 4 - 16　模具安装

（2）安装外叶墙钢筋网片（见图 4 - 17）。

图 4 - 17　外叶墙钢筋网片安装

（3）安装预埋件、防腐木等（见图4−18）。

图4−18　预埋件和防腐木安装

（4）浇筑外叶墙混凝土（见图4−19）。

图4−19　外叶墙混凝土浇筑

（5）外叶墙混凝土初凝前，安装保温板及连接件（见图4-20）。

图4-20 保温板及连接件安装

（6）安装内叶墙钢筋笼及预埋件（见图4-21）。

图4-21 内叶墙钢筋笼和预埋件安装

（7）内叶墙混凝土浇筑（见图4-22）。

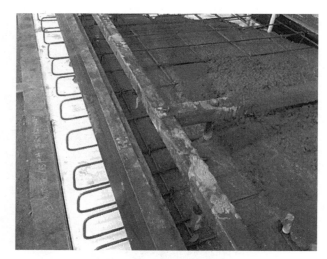

图4-22　内叶墙混凝土浇筑

（8）构件抹面压光（见图4-23）。

图4-23　构件抹面压光

（9）构件养护（见图4-24）。

图4-24　构件养护

（10）拆除模具，避免破损（见图4-25）。

图4-25　构件拆模

（11）利用高压水枪对粗糙面冲洗（见图4-26）。

图4-26 构件粗糙面清洗

（12）构件编号标识，进行储存（见图4-27）。

图4-27 构件存放

四、技术要点

预制混凝土夹心保温外墙板生产技术要点如下。

（1）模板组装时要将连接模板的螺栓拧紧，确保模板间没有缝隙，拧紧后要去毛、清洁、除锈。

（2）脱模剂要涂刷均匀。

（3）窗框安装：先做好一个内径和窗框一样大小的限位框，并把限位框安置在内模中，最终连接限位框和窗框，确保两者不脱离。

（4）预埋件安装：必须定位精准，预埋件完整是验收合格的一项重要指标，为保证合格，需要在安装过程中采用螺栓在构件外定位的方式。

（5）浇筑外叶墙时应采用小粒径石子，粒径不宜大于25mm，混凝土坍落度应加大，当连接件埋入外叶墙混凝土后，应马上转动180°形成局部搅拌。连接件应确保在内、外叶墙的锚固长度；连接件在混凝土中的单侧锚固长度不宜小于30mm，其端部距墙板表面距离不宜小于25mm。

（6）保温层的铺设：用挤塑板作保温的主要材料，同时需要连接件连接保温层、保护层和结构层。

（7）结构层钢筋骨架入模：参照标准构件配筋图进行钢筋下料和编号。为确保钢筋和钢模间的距离符合要求，要采用专用塑料垫块来有效控制保护层厚度。

（8）结构层浇筑控制：在安装完保温板后浇筑混凝土时，应严格控制下料高度，禁止在同一位置堆积混凝土，避免出现保温板凹凸不平的现象，影响保温板后期性能。

（9）结构层混凝土为了能产生自然毛面，需在浇筑混凝土前将缓凝界面剂涂抹在钢模上，涂抹位置按毛面处理的部位来确定，脱模后将涂剂用高压水枪冲净。

（10）起吊与堆放：堆放在临时场地的材料，必须经监理、驻场总包、构件厂三方检查，包括构件的尺寸、外观等内容，发现缺陷或者色差、气泡等情况时，构件厂要将构件进行修复处理。

第五章

预制构件质量检验

材料验收

一、材料验收组批规则

1. 钢筋进场验收组批规则

由同一牌号、同一炉罐号、同一尺寸且不超过60t的钢筋组成一个检验批，超过60t，每增加40t（或不足40t的余数），增加一个拉伸试样和一个弯曲试样；允许由同一牌号、同一冶炼方法、同一浇筑方法的不同炉罐号组成混合批，各炉罐号含碳量之差不大于0.02%，含锰量之差不大于0.15%，混合批重量不大于60t。

2. 成型钢筋进场验收组批规则

同一厂家、同一类型且同一钢筋来源的成型钢筋，不超过30t为一批，每批每种钢筋牌号、规格均应至少抽取1个钢筋试件，总数不应少于3个。

3. 灌浆套筒进场验收组批规则

由同一批号、同一类型、同一规格且不超过 1000 件灌浆套筒组成一个验收批。

4. 机械套筒进场验收组批规则

由同原材料、同批号、同类型、同规格且不超过 1000 件机械套筒组成一个验收批。

5. 内外叶墙体拉结件进场验收组批规则

同一厂家、同一类别、同一规格产品，不超过 10000 件，组成一个验收批。

6. 预埋吊件进场验收组批规则

同一厂家、同一类别、同一规格预埋吊件，不超过 10000 件为一个验收批。

7. 水泥进场验收组批规则

同一厂家、同一品种、同一代号、同一强度等级且连续进场的硅酸盐水泥，袋装水泥不超过 200t 为一批，散装水泥不超过 500t 为一批；按批抽取试样进行水泥强度、安定性和凝结时间检验，设计有其他要求时，尚应对相应的性能进行试验，检验结果应符合现行国家标准《通用硅酸盐水泥》GB 175 的有关规定。

8. 矿物掺合料进场验收组批规则

同一厂家、同一品种、同一技术指标的矿物掺合料，粉煤灰和粒化高炉矿渣粉不超过 200t 为一批，硅灰不超过 30t 为一批。

9. 减水剂进场验收组批规则

同一厂家、同一品种的减水剂，掺量大于 1%（含 1%）的产品不超过 100t 为一批，掺量小于 1% 的产品不超过 50t 为一批。

10. 骨料进场验收组批规则

同一厂家（产地）且同一规格的骨料，不超过 400m³ 或 600t 为一批。

11. 保温材料进场验收组批规则

同一厂家、同一品种且同一规格，不超过 5000m² 为一批。

12. 混凝土拌制及养护用水

应符合现行行业标准《混凝土用水标准》JGJ 63 的有关规定，并应符合下列规定：采用饮用水时，可不检验；采用中水、搅拌站清洗水或回收水时，应对其成分进行检验，同一水源每年至少检验一次。

二、材料验收主要内容

1. 钢筋进场质量验收内容

钢筋进场质量验收内容见表 5-1。

（1）资料及质量证明文件的验收：钢筋进场时应收集并核验生产厂家资料、合格证、质量证明书等相关资料。

（2）表面质量验收：钢筋应无有害的表面缺陷。

（3）尺寸偏差验收：热轧带肋钢筋按定尺交货时的长度允许偏差为 ±25mm，当要求最小长度时，其偏差为 ±50mm，当要求最大长度时，其偏差为 −50mm；热轧光圆钢筋按定尺交货时，其长度允许偏差范围为 0 至 +50mm。

（4）重量偏差验收：钢筋应进行重量偏差验收，从 5 根不同的钢筋上截取 5 根长度不小于 500mm（精确到 1mm）的试样，按下式计算重量偏差，测量试样总重量时应精确到不大于总重量的 1%。

$$重量偏差 = \frac{试样实际总重量 - （试样总长度 \times 理论重量）}{试样总长度} \times$$

理论重量 $\times 100\%$

（5）力学性能验收：进场的钢筋应进行力学性能实验，钢筋力学性能检验分为拉伸试验和弯曲试验，两项试验均应合格。

表 5−1　　　　　　　　　　钢筋进场质量验收

钢筋重量允许偏差		
公称直径/mm	实际重量与理论重量偏差（%）	
	热轧光圆钢筋	热轧带肋钢筋
6、8、10、12	±6	±7
14、16、18、20	±5	±5
22		±4
25、28、32、36、40、50	—	

热轧光圆钢筋拉伸、弯曲试验				
牌号	下屈服强度 R_{eL} /MPa	拉伸强度 R_m /MPa	断后伸长率 A（%）	最大力总伸长率 A_{gt}（%）	冷弯试验 180°
	不小于				
HPB300	300	420	25	10	d = a

注：d—弯心直径；a—钢筋公称直径

热轧带肋钢筋拉伸试验				
牌号	下屈服强度 R_{eL} /MPa	拉伸强度 R_m /MPa	断后伸长率 A（%）	最大力总伸长率 A_{gt}（%）
	不小于			

续表

热轧带肋钢筋拉伸试验			
牌号	下屈服强度 R_{eL} /MPa	拉伸强度 R_m /MPa	断后伸长率 A（%）	最大力总伸长率 A_{gt}（%）
	不小于			
HRB335 HRBF335	335	455	17	7.5
HRB400 HRBF400	400	540	16	
HRB500 HRBF500	500	630	15	

热轧带肋钢筋弯心直径

牌号	公称直径 d（mm）	弯心直径
HRB335 HRBF335	6～25	3d
	28～40	4d
	＞40～50	5d
HRB400 HRBF400	6～25	4d
	28～40	5d
	＞40～50	6d
HRB500 HRBF500	6～25	6d
	28～40	7d
	＞40～50	8d

2. 灌浆套筒进场质量验收内容

（1）验收质量证明书、型式检验报告等资料应与灌浆套筒一致且在有效期内。型式检验报告应由灌浆套筒提供单位提交，并满足下列要求：工程中应用的各种钢筋强度级别、直径对应的型式检验报告应齐全，结果合格有效；型式检验报告送检单位与现场接头提供单位应一致；型式检验报告中接头类型，灌浆套筒规格、级别、尺寸，灌浆料型号与产品应一致，灌浆套筒尺寸允许偏表如表5-2所示；型式检验报告应在4年有效期内，可按灌浆套筒进场验收日期确定。

（2）灌浆套筒外表面不应有影响使用性能的夹渣、冷隔、砂眼、缩孔、裂纹等质量缺陷。

（3）机械加工灌浆套筒表面不应有裂纹或影响接头性能的其他缺陷，端面或外表面的边棱处应无尖棱、毛刺。

（4）灌浆套筒外表面标识应清晰。

（5）灌浆套筒表面不应有锈皮。

（6）灌浆套筒进场时，每一检验批应抽取3个灌浆套筒，并采用与之匹配的灌浆料制作对中连接接头试件，同时进行抗拉强度试验，接头的抗拉强度不应小于连接钢筋的抗拉强度标准值，且破坏时应断于接头外钢筋（此项实验是行业标准强制性试验项目）。

表5-2　　　　　　　　　　灌浆套筒尺寸允许偏差

序号	项目	灌浆套筒尺寸允许偏差					
		铸造灌浆套筒			机械加工灌浆套筒		
1	钢筋直径（mm）	12~20	22~32	36~40	12~20	22~32	36~40
2	外径允许偏差（mm）	±0.8	±1	±1.5	±0.6	±0.8	±0.8
3	壁厚允许偏差（mm）	±0.8	±1	±1.2	±0.5	±0.6	±0.8
4	长度允许偏差（mm）	±（0.01×L）			±2.0		
5	锚固段环形凸起部分的内径允许偏差（mm）	±1.5			±1		
6	锚固段环形凸起部分的内径最小尺寸与钢筋公称直径差值（mm）	≥10			≥10		
7	直螺纹精度	—			《普通螺纹 公差》GB/T 197中6H级		

3. 机械套筒进场验收内容

（1）产品质量证明书、型式检验报告等资料应与机械套筒一致且在有效期内。型式检验报告应由机械套筒提供单位提交，并满足下列要求：工程中应用的各种钢筋强度级别、直径对应的型式检验报告应齐全，结果合格有效；型式检验报告送检单位与现场接头提供单位应一致；型式检验报告中的接头类型，灌浆套筒规格、级别、尺寸、灌浆料型号与产品应一致；型式检验报告应在 4 年有效期内，可按灌浆套筒进场验收日期计算。同时应提供连接件产品设计、接头加工安装要求的相关技术文件。

（2）机械套筒进场时，每一检验批应抽取 3 个机械套筒并采用现场使用的钢筋制作单向拉伸接头试件并进行抗拉强度检验，接头的抗拉强度不应小于连接钢筋的抗拉强度标准值的 1.1 倍。

（3）机械套筒进场时，应按组批规则的要求从每一检验批中随机抽取 10% 数量的机械套筒进行外观、标识、尺寸偏差的验收，合格率＝100% 时，该验收批评定为合格；合格率＜100% 时，允许一次加倍复试，加倍复试结果合格率 100%，验收批合格，加倍复试合格率＜100%，逐个检查，检查合格方可接收。

（4）机械套筒外边面不应有肉眼可见的裂缝或其他缺陷；机械套筒表面不应有锈皮；机械套筒外圆及内孔应有倒角，牙型应饱满；套筒表面应有厂家代号和可溯源的生产批号。

（5）外观、标识应满足要求，尺寸偏差结果应满足表 5－3 的要求。

表 5－3　　　　　　　　机械套筒尺寸偏差

序号	机械套筒类型	检测项目		
		外径（D）允许偏差（mm）		长度（L）允许偏差（mm）
		≤50	≥50	
1	圆柱形直螺纹套筒	±0.5		±1

续表

序号	机械套筒类型	检测项目		长度 (L) 允许偏差 (mm)
		外径 (D) 允许偏差 (mm)		
		≤50	≥50	
2	锥螺纹套筒	±0.5	±0.8	±1
3	标准型挤压套筒	±0.5	±0.01D	±2

4. 保温板拉结件进场验收内容

（1）验收质量证明书、型式检验报告等资料应与材料实物一致且在有效期内；型式检验报告应由保温板拉结件提供单位提交，并满足下列要求：保温板拉结件的型式检验报告应齐全，结果合格有效；型式检验报告送检单位与现场保温板拉结件提供单位应一致；型式检验报告宜在2年有效期内，可按材料进场验收日期确认；保温板拉结件外观、尺寸验收宜根据保温板拉结件的质量证明文件和有关的标准进行验收并合格。

（2）保温板拉结件外边面不应扭曲、变形、开裂等。

（3）保温板拉结件尺寸应符合产品质量文件或有关的标准。

（4）拉结件须具有专门资质的第三方厂家进行相关资料力学性能的检验，检验结果应合格。

5. 预埋件进场验收内容

用于预制构件的预埋件通常包括预埋钢板（钢板预埋件）、预埋螺栓螺母、预埋吊点等，其中预埋吊点又可分为钢筋螺母埋件、吊钉、钢丝绳等。预埋件应根据不同种类和用途进行验收。

（1）预埋钢板：验收合格证、质量证明书及有关试验报告等资料应与材料实物一致且在有效期内。

有关试验报告应由预埋件提供单位提交，并满足下列要求：钢板及锚固钢筋应提供材料力学性能试验报告，试验结果应合格。钢板与锚固钢筋的焊点性能试验应合格；其他参数检验报告、检验结果应合格。

预埋钢板外观、尺寸应符合下列要求：钢板与锚固钢筋的焊接点应饱满，无夹渣、虚焊。预埋件表面镀层应光洁，厚度均匀，无漏涂，镀层工艺应符合要求。预埋件应无变形，各部件尺寸应满足相关规范或产品质量的要求。锚固钢筋的规格、弯折长度、弯曲角度应满足要求。钢板上预留的孔或螺孔位置偏差应在允许偏差范围内，螺纹应能满足使用要求。

（2）预埋螺栓、螺母：验收合格证、质量证明书及有关试验报告等资料应与材料实物一致且在有效期内。

有关试验报告应由预埋件提供单位提交，并满足下列要求：预埋螺栓、螺母应提供力学性能试验报告，试验结果应合格。预埋螺栓、螺母应提供外观尺寸、螺纹长（深）度等相关性能检验报告、试验结果应合格。其他参数检验报告，检验结果应合格。

预埋螺栓、螺母外观、尺寸应符合下列要求：预埋螺栓、螺母外观尺寸应符合设计要求。预埋螺栓、螺母的丝牙应符合相关要求，螺纹有效长度或螺孔深度应符合相关要求。表面镀层应光洁，厚度均匀，无漏涂，镀层工艺应符合要求。底部带孔的，孔径应符合要求，无变形。

（3）预埋吊点：验收合格证、质量证明书及有关试验报告等资料应与材料实物一致且在有效期内。

有关试验报告应由预埋件提供单位提交，并满足下列要求：预埋吊点、吊钉或钢丝绳吊扣应提供力学性能试验报告，试验结果应合格。预埋吊点应提供外观尺寸、螺纹长（深）度等相关性能检测报告，试验结果应合格。其他参数检验报告，检验结果应合格。

预埋吊点外观、尺寸应符合下列要求：外观尺寸应符合设计要求。预埋吊点的螺纹有效长度或螺孔深度应符合相关要求。预埋吊钉的长度、挂扣点形状、锚固端形状等应符合要求。钢丝绳的质量应符合相关要求，长度满足设计要求，无断丝、无锈迹、无油污。表面镀层应光洁，厚度均匀，无漏涂，镀层工艺应符合要求。底部带孔的，孔径应符合要求，无变形。

6. 水泥进场验收内容

（1）按批抽取试样进行水泥强度、安定性和凝结时间检验，设计有其他要求时，尚应对相应的性能进行试验。

（2）检验结果应符合现行国家标准《通用硅酸盐水泥》GB 175 的有关规定。

（3）水泥保管日期不应超过 90 天，超过 90 天的水泥应检查外观、测定强度，合格后方可按测定值调整配合比后使用。

7. 矿物掺合料进场验收内容

（1）按批抽取试样进行细度（比表面积）、需水量比（流动度比）和烧失量（活性指数）试验；设计有其他要求时，尚应对相应的性能进行试验。

（2）检验结果应分别符合现行国家标准《用于水泥和混凝土中的粉煤灰》GB/T 1596、《用于水泥、砂浆和混凝土中的粒化高炉矿渣粉》GB/T 18046 和《砂浆和混凝土用硅灰》GB/T 27690 的有关规定。

8. 减水剂进场验收内容

（1）按批抽取试样进行减水率、抗压强度比、固体含量、含水率、pH 值和密度试验。

（2）检验结果应符合国家现行标准《混凝土外加剂》GB 8076、《混凝土外加剂应用技术规范》GJB 50119 和《聚羧酸系高性能减水剂》JG/T 223 的有关规定。

9. 骨料进场验收内容

（1）天然细骨料按批抽取试样进行颗粒级配、细度模数含泥量和泥块含量试验；机制砂和混合砂应进行石粉含量（含亚甲蓝）

试验；再生细骨料还应进行微粉含量、再生胶砂需水量比和表观密度试验。

（2）天然粗骨料按批抽取试样进行颗粒级配、含泥量、泥块含量和针片状颗粒含量试验，压碎指标可根据工程需要进行检验；再生粗骨料应增加微粉含量、吸水率、压碎指标和表观密度试验。

（3）检验结果应符合国家现行标准《普通混凝土用砂、石质量及检验方法标准》JGJ 52 的有关规定。

10. 脱模剂、缓凝剂和修补料进场验收内容

（1）应无毒、无刺激性气味，不应影响混凝土性能和预制构件表面装饰效果。

（2）运输、储存过程防止暴晒、雨淋、冰冻。

（3）在规定期内使用，超过规定期，要检验合格后使用。

（4）检验结果应符合现行行业标准《混凝土制品用脱模剂》JC/T 949 的有关规定。

11. 保温材料进场验收内容

（1）按批抽取试样进行导热系数、密度、压缩强度、吸水率和燃烧性能试验。

（2）检验结果应符合设计要求和国家现行相关标准的有关规定。

第二节

隐蔽工程验收

生产部门在生产过程中，要认真做好各个工序的"三检"工作（自检、互检、交接检），并做好记录。预制构件制作在工程隐蔽前，生产部门须在自检合格的基础上按要求进行隐蔽项目报验，未经过隐蔽工程验收合格，不得进行混凝土浇筑。

一、隐蔽工程验收程序

隐蔽工程验收程序如图 5 – 1 所示。

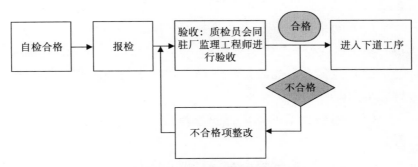

图 5 – 1　隐蔽工程验收流程

（1）自检：作业班组对完成的隐蔽工程进行自检，所有项目合格后报生产部，生产部核实准确无误后，在隐蔽工程质量自检记录表上签字。

（2）报检：生产部向质检部提出验收申请，并提供需要验收的预制构件的相关检查记录，包括报验构件一览表、隐蔽工程自检记录（标注清晰项目名称、预制构件型号、模台号等信息）。

（3）验收：质检部接到报验申请，及时安排质检员会同驻厂监理工程师根据报验信息，按规范要求进行复检验收，验收合格后，填写隐蔽工程验收记录（必要时留存影像资料）。

（4）合格：进入下道工序。

（5）整改：验收如果存在不合格项，应进行整改，整改后再次进行验收，直至合格。

二、隐蔽工程验收主要内容

1. 钢筋验收内容

（1）钢筋的品种、等级、规格、长度、数量、布筋间距。

（2）钢筋的弯心直径、弯曲角度、平直段长度。

（3）每个钢筋交叉点均应绑扎牢固，绑扣宜八字开，绑丝头应平贴钢筋或朝向钢筋骨架内侧。

（4）拉钩、马凳或架起钢筋应按规定的间距和形式布置，并绑扎牢固。

（5）钢筋骨架的钢筋保护层厚度，保护层垫块的布置形式、数量。

（6）伸出钢筋的伸出位置、伸出长度、伸出方向，定位措施是否可靠。

（7）钢筋端头为预制螺纹的，螺纹的螺距、长度、牙形，保护措施是否可靠。

（8）露出混凝土外部的钢筋宜设置遮盖物。

（9）钢筋的连接方式、连接质量、接头数量和位置。

（10）加强筋的布置形式、数量状态。

2. 模具验收内容

（1）模具组装后的外形尺寸及状态，垂直面的垂直度。

（2）组装模具的螺栓、定位销数量及安装状态。

（3）模具接合面的间隙及漏浆处理。

（4）模具内清理是否干净整洁。

（5）脱模剂、缓凝剂涂刷情况。

（6）模具是否有脱焊或变形，与混凝土接触面是否有较明显的凹痕、凸块、锈斑等。

（7）模具作业操作面、装配面是否平整、整洁。

（8）工装架是否有变形，安装是否牢固、可靠，细节是否到位。

（9）伸出钢筋孔洞的止浆措施是否有效、可靠。

3. 预埋物验收内容

（1）预埋物的品种、型号、规格、数量。

（2）预埋物的空间位置、方向。

（3）预埋物的安装方式，安装是否牢固、可靠。

（4）预埋物保护措施是否有效、可靠。

（5）预埋物上的配套件是否齐全并处于有效的状态（如窗框的锚固脚片是否拉开、避雷线是否可靠连接）。

（6）预埋物与模具、其他预埋物等的连接是否牢固、可靠。

（7）是否有防止混凝土漏浆的措施。

（8）是否有预埋物紧贴钢筋影响混凝土握裹钢筋。

4. 预埋件（预留孔洞）验收内容

（1）预埋件的品种、型号、规格、数量，成排预埋件的间距。

（2）预埋件有无明显变形、损坏，螺纹、丝扣有无损坏。

（3）预埋件的空间位置、安装方向。

（4）预留孔洞的位置、尺寸、垂直度，固定方式是否可靠。

（5）预埋件的安装形式，安装是否牢固、可靠。

（6）垫片等配件是否已安装。

（7）预埋件上是否存在油脂、锈蚀。

（8）预埋件底部及预留孔洞周边的加强筋规格、长度，加强筋固定是否牢固可靠。

（9）预埋件与钢筋、模具的连接是否牢固、可靠。

（10）橡胶圈、密封圈等是否安装到位。

5. 套筒验收内容

套筒验收是预制构件隐蔽工程验收中一项十分重要的内容，需验收。

（1）套筒的品牌、规格、类型和中心线位置。

（2）套筒远模板端与钢筋的连接形式是否牢固、可靠。半灌浆套筒应检查螺纹接头外露螺纹的牙数及形状，全灌浆套筒应检查钢筋伸入套筒的长度和端口密封圈的安装情况。

（3）套筒应垂直于模板安装，与所连接的钢筋在同一中心线上。

（4）套筒的固定方式及安装的牢固程度和密封性能。

（5）套筒灌浆孔和出浆孔的位置及灌浆导管和出浆导管的连接和通畅情况。

三、隐蔽工程验收记录

（1）质检员应根据验收的最终结果做好验收记录。

（2）验收记录包括隐蔽工程验收表和预制构件制作过程检测表，同时应保留隐蔽工程验收的影像资料。需要强调，影像资料是验收记录的重要组成部分，在隐蔽工程验收时，除应保留整体验收影像资料外，关键部位应有特写的影像资料。

（3）检验采用标准，按图纸及合同要求规定，图纸和合同无要求，采用表5-4至表5-7的规定。

表 5 - 4　　　　　　　　　钢筋成品的允许偏差和检验方法

项目		允许偏差（mm）	检验方法
钢筋网片	长、宽	± 5	钢尺检查
	网眼尺寸	± 10	钢尺量连续三挡，取最大值
	对角线	5	钢尺检查
	端头不齐	5	钢尺检查
钢筋骨架	长	0，- 5	钢尺检查
	宽	± 5	钢尺检查
	高（厚）	± 5	钢尺检查
	主筋间距	± 10	钢尺量两端、中间各一点，取最大值
	主筋排距	± 5	钢尺量两端、中间各一点，取最大值
	箍筋间距	± 10	钢尺量连续三挡，取最大值
	弯起点位置	15	钢尺检查
	端头不齐	5	钢尺检查
钢筋骨架	保护层 柱、梁	± 5	钢尺检查
	保护层 板、墙	± 3	钢尺检查

表 5 - 5　　　　　　　　预制构件模具尺寸允许偏差和检验方法

项次	检验项目、内容		允许偏差（mm）	检验方法
1	长度	<6m	1，- 2	用尺量平行构件高度方向，取其中偏差绝对值较大处
		>6m 且 <12m	2，- 4	
		>12m	3，- 5	
2	截面尺寸	墙板	1，- 2	用尺测量两端或中部，取其中偏差绝对值较大处
3		其他构件	2，- 4	
4	底模表面平整度		2	用2m靠尺和塞尺量
5	对角线差		3	用尺量对角线
6	侧向弯曲		L/1500 且≤5	拉线，用钢尺量测侧向弯曲最大处

续表

项次	检验项目、内容	允许偏差（mm）	检验方法
7	翘曲	L/1500	对角拉线测量交点间距离值的两倍
8	组装缝隙	1	用塞片或塞尺量测，取最大值
9	端模与侧模高低差	1	用钢尺量

注：L为模具与混凝土接触面中最长边的尺寸。

表5-6　　　　　　　模具上预埋件、预留孔洞安装允许偏差

项次	检验项目		允许偏差（mm）	检验方法
1	预埋钢板、建筑幕墙用槽式预埋组件	中心线位置	3	用尺量测纵横两个方向的中心线位置，取其中较大值
		平面高差	±2	钢直尺和塞尺检查
2	预埋管、电线盒、电线管水平和垂直方向的中心线位置偏移、预留孔、浆锚搭接预留孔（或波纹管）		2	用尺量测纵横两个方向的中心线位置，取其中较大值
3	插筋	中心线位置	3	用尺量测纵横两个方向的中心线位置，取其中较大值
		外露长度	+10，0	用尺量测
4	吊环	中心线位置	3	用尺量测纵横两个方向的中心线位置，取其中较大值
		外露长度	0，-5	用尺量测
5	预埋螺栓	心线位置	2	用尺量测纵横两个方向的中心线位置，取其中较大值
		外露长度	+5，0	用尺量测

续表

项次	检验项目		允许偏差（mm）	检验方法
6	预埋螺母	心线位置	2	用尺量测纵横两个方向的中心线位置，取其中较大值
		平面高差	±1	钢直尺和塞尺检查
7	预留洞	心线位置	3	用尺量测纵横两个方向的中心线位置，取其中较大值
		尺寸	+3，0	用尺量测纵横两个方向尺寸，取其中较大值
8	灌浆套筒及连接钢筋	灌浆套筒中心线位置	1	用尺量测纵横两个方向的中心线位置，取其中较大值
		连接钢筋中心线位置	1	用尺量测纵横两个方向的中心线位置，取其中较大值
		连接钢筋外露长度	+5，0	用尺量测

表 5－7　　　　　　　门窗框安装允许偏差和检验方法

项目		允许偏差（mm）	检验方法
锚固脚片	中心线位置	5	钢尺检查
	外露长度	+5，0	钢尺检查
门窗框位置		2	钢尺检查
门窗框高、宽		2	钢尺检查
门窗框对角线		±2	钢尺检查
门窗框的平整度		2	靠尺检查

第三节
预制构件成品验收

一、预制构件成品验收流程

预制构件成品验收流程如图 5 – 2 所示。

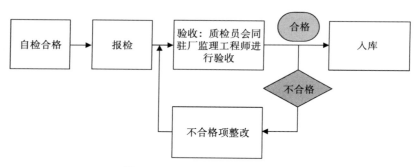

图 5 – 2 预制构件成品验收流程

二、预制构件成品验收主要内容

1. 外观质量验收内容

（1）预制构件生产时应采取措施避免出现外观质量缺陷。

（2）预制构件出模后应及时对其外观质量进行全数目测检查。预制构件外观质量不应有缺陷，对已经出现的严重缺陷应制订技术处理方案进行处理并重新检验，对出现的一般缺陷应进行修整并达到合格。

（3）根据其影响结构性能、安装和使用功能的严重程度，可按表 5 - 8 的规定划分为严重缺陷和一般缺陷。

表 5 - 8　　　　　　　　　　　预制构件外观质量缺陷

名称	现象	严重缺陷	一般缺陷
露筋	构件内钢筋未被混凝土包裹而外露	纵向受力钢筋有露筋	其他钢筋有少量露筋
蜂窝	混凝土表面缺少水泥砂浆而形成石子外露	构件主要受力部位有蜂窝	其他部位有少量蜂窝
孔洞	混凝土中孔穴深度和长度均超过保护层厚度	构件主要受力部位有孔洞	其他部位有少量孔洞
夹渣	混凝土中夹有杂物且深度超过保护层厚度	构件主要受力部位有夹渣	其他部位有少量夹渣
疏松	混凝土中局部不均匀	构件主要受力部位有疏松	其他部位有少量疏松
裂缝	缝隙从混凝土表面延伸至混凝土内部	构件主要受力部位有影响结构性能或使用功能的裂缝	其他部位有少量不影响结构性能或使用功能的裂缝
连接部位缺陷	构件连接处混凝土缺陷及连接钢筋、连结件松动，插筋严重锈蚀、弯曲，灌浆套筒堵塞、偏位，灌浆孔洞堵塞、偏位、破损等缺陷	连接部位有影响结构传力性能的缺陷	连接部位有基本不影响结构传力性能的缺陷
外形缺陷	缺棱掉角、棱角不直、翘曲不平、飞出凸肋等，装饰面砖粘结不牢、表面不平、砖缝不顺直等	清水或具有装饰的混凝土构件内有影响使用功能或装饰效果的外形缺陷	其他混凝土构件有不影响使用功能的外形缺陷

续表

名称	现象	严重缺陷	一般缺陷
外表缺陷	构件表面麻面、掉皮、起砂、沾污等	具有重要装饰效果的清水混凝土构件有外表缺陷	其他混凝土构件有不影响使用功能的外表缺陷

2. 尺寸偏差验收内容

（1）预制构件不应有影响结构性能、安装和使用功能的尺寸偏差。对超过尺寸允许偏差且影响结构性能和安装、使用功能的部位应经原设计单位认可，制订技术处理方案进行处理，并重新检查验收。

（2）检验采用标准按图纸及合同要求规定，图纸和合同无要求，采用表 5 - 9 至表 5 - 10 的规定。

表 5 - 9　　　　预制楼板类构件外形尺寸允许偏差及检验方法

项次	检查项目			允许偏差（mm）	检验方法
1	规格尺寸	长度	<12m	±5	用尺量两端及中间部，取其中偏差绝对值较大值
			≥12m 且 <18m	±10	
			≥18m	±20	
2		宽度		±5	用尺量两端及中间部，取其中偏差绝对值较大值
3		厚度		±5	用尺量板四角和四边中部位置共8处，取其中偏差绝对值较大值
4		对角线差		6	在构件表面，用尺量测两对角线的长度，取其绝对值的差值

续表

项次	检查项目			允许偏差（mm）	检验方法
5	外形	表面平整度	内表面	4	用2m靠尺安放在构件表面上，用楔形塞尺量测靠尺与表面之间的最大缝隙
			外表面	3	
6		楼板侧向弯曲		L/750 且 ≤20mm	拉线，钢尺量最大弯曲处
7		扭翘		L/750	四对角拉两条线，量测两线交点之间的距离，其值的2倍为扭翘值
8	预埋部件	预埋钢板	中心线位置偏差	5	用尺量测纵横两个方向的中心线位置，取其中较大值
			平面高差	0，−5	用尺紧靠在预埋件上，用楔形塞尺量测预埋件平面与混凝土面的最大缝隙
9		预埋螺栓	中心线位置偏移	2	用尺量测纵横两个方向的中心线位置，取其中较大值
			外露长度	+10，−5	用尺量
10	预埋部件	预埋线盒、电盒	在构件平面的水平方向中心位置偏差	10	用尺量
			与构件表面混凝土	0，−5	用尺量
11	预留孔	中心线位置偏移		5	用尺量测纵横两个方向的中心线位置，取其中较大值
		孔尺寸		±5	用尺量测纵横两个方向尺寸，取其最大值

续表

项次	检查项目		允许偏差（mm）	检验方法
12	预留洞	中心线位置偏移	5	用尺量测纵横两个方向的中心线位置，取其中较大值
		洞口尺寸、深度	±5	用尺量测纵横两个方向尺寸，取其最大值
13	预留插筋	中心线位置偏移	3	用尺量测纵横两个方向的中心线位置，取其中较大值
		外露长度	±5	用尺量
14	吊环木砖	中心线位置偏移	10	用尺量测纵横两个方向中较大值
		留出高度	0，−10	用尺量
15	桁架钢筋高度		+5，0	用尺量

表 5 – 10　　　　预制墙板类构件外形尺寸允许偏差及检验方法

项次	检查项目		允许偏差（mm）	检验方法
1	规格尺寸	高度	±4	用尺量两端及中间部，取其中偏差绝对值较大值
2		宽度	±4	用尺量两端及中间部，取其中偏差绝对值较大值
3		厚度	±3	用尺量板四角和四边中部位置共 8 处，取其中偏差绝对值较大值
4		对角线差	5	在构件表面，用尺量测两对角线的长度，取其绝对值的差值

续表

项次	检查项目			允许偏差（mm）	检验方法
5	外形	表面平整度	内表面	4	用2m靠尺安放在构件表面上，用楔形塞尺量测靠尺与表面之间的最大缝隙
			外表面	3	
6		侧向弯曲		L/1000 且 ≤20mm	拉线，钢尺量最大弯曲处
7		扭翘		L/1000	四对角拉两条线，量测两线交点之间的距离，其值的2倍为扭翘值
8	预埋部件	预埋钢板	中心线位置偏移	5	用尺量测纵横两个方向的中心线位置，取其中较大值
			平面高差	0，−5	用尺紧靠在预埋件上，用楔形塞尺量测预埋件平面与混凝土面的最大缝隙
9		预埋螺栓	中心线位置偏移	2	用尺量测纵横两个方向的中心线位置，取其中较大值
			外露长度	+10，−5	用尺量
10		预埋套筒、螺母	中心线位置偏移	2	用尺量测纵横两个方向的中心线位置，取其中较大值
			平面高差	0，−5	用尺紧靠在预埋件上，用楔形塞尺量测预埋件平面与混凝土面的最大缝隙
11	预留孔	中心线位置偏移		5	用尺量测纵横两个方向的中心线位置，取其中较大值
		孔尺寸		±5	用尺量测纵横两个方向尺寸，取其最大值
12	预留洞	中心线位置偏移		5	用尺量测纵横两个方向的中心线位置，取其中较大值
		洞口尺寸、深度		±5	用尺量测纵横两个方向尺寸，取其最大值

续表

项次	检查项目		允许偏差（mm）	检验方法
13	预留插筋	中心线位置偏移	3	用尺量测纵横两个方向的中心线位置，取其中较大值
		外露长度	±5	用尺量
14	吊环木砖	中心线位置偏移	10	用尺量测纵横两个方向的中心线位置，取其中较大值
		与构件表面混凝土高差	0，−10	用尺量
15	键槽	中心线位置偏移	5	用尺量测纵横两个方向的中心线位置，取其中较大值
		长度、宽度	±5	用尺量
		深度	±5	用尺量
16	灌浆套筒及连接钢筋	灌浆套筒中心线位置	2	用尺量测纵横两个方向的中心线位置，取其中较大值
		连接钢筋中心线位置	2	用尺量测纵横两个方向的中心线位置，取其中较大值
		连接钢筋外露长度	+10，0	用尺量

三、成品验收记录

（1）质检员根据验收的最终结果做好验收记录。

（2）验收记录包括成品工程验收表和预制构件制作过程检测表，同时应保留验收的影像资料。需要强调，影像资料是验收记录的重要组成部分。

第四节
质量通病纠正预防措施

一、蜂窝

1. 现象

蜂窝是指混凝土结构局部疏松、砂浆少、石子多，气泡或石子之间形成类似蜂窝状的空隙窟窿（见图5-3）。

图5-3　预制构件蜂窝缺陷

2. 产生原因

（1）混凝土配合比不当，设备计量不准，造成组成混凝土各成分比例失调。

（2）混凝土搅拌时间不够，搅拌不均匀，和易性差。

（3）模具缝隙未堵严，造成浇筑振捣时缝隙漏浆。

（4）一次性浇筑混凝土过高或前后层衔接时间过长。

（5）混凝土振捣时间短，混凝土不密实。

3. 解决办法

（1）将蜂窝处及周边软弱部分混凝土凿除，并形成凹凸相差5mm以上的粗糙面。

（2）用高压水枪及钢丝刷等将接合面洗净。

（3）用高标号水泥砂浆修补，水泥品种必须与原混凝土一致，砂子宜采用中粗砂。

（4）按照抹灰工操作技法，用抹子大力将砂浆压入蜂窝内，压实刮平。在棱角部位用靠尺取直，保证外观一致。

（5）表面干燥后用细砂纸打磨。

（6）修补完成后，及时覆盖保湿养护至与原混凝土一致。

4. 预控措施

（1）严格控制混凝土配合比，做到计量准确，混凝土搅拌均匀，坍落度适合。

（2）控制混凝土搅拌时间，最短不得少于规范规定的时间。

（3）模具拼缝严密。

（4）混凝土浇筑应分层下料（预制构件端面高度大于300mm时，应分层浇筑，每层混凝土浇筑高度不得超过300mm），分层振捣，直至气泡排除为止；在前层混凝土初凝前，浇筑后层混凝土。

（5）混凝土浇筑过程中应随时检查模具有无漏浆、变形，若有漏浆、变形时，应及时采取补救措施。

（6）振捣设备应根据不同的混凝土品种、工作性能和预制构件的规格形状等因素确定，振捣前应制定合理的振捣成型操作规程，做好技术交底。

二、麻面

1. 现象

麻面是指构件表面局部出现缺浆粗糙或形成许多小坑、麻点等，形成一个粗糙面（见图5-4）。

图5-4 预制构件麻面缺陷

2. 产生原因

（1）模具表面粗糙或粘附水泥浆渣等杂物未清理干净，拆模时混凝土表面被粘坏。

（2）模具清理及脱模剂涂刷工艺不当，致使混凝土中水分被模具吸去，使混凝土失水过多出现麻面。

（3）模具拼缝不严，局部漏浆。

（4）模具隔离剂涂刷不匀，或局部漏刷、失效，混凝土表面与模板粘结造成麻面。

（5）混凝土振捣不实，气泡未排出，停在模板表面形成麻点。

3. 解决办法

（1）用毛刷蘸稀草酸溶液将该处脱模剂油点或污点洗净。

（2）配备修补水泥砂浆，水泥品种必须与原混凝土一致，砂为细砂，最大粒径≤1mm。

（3）修补前用水湿润表面，按刮腻子的方法，将水泥砂浆用刮板用力压到麻点处，随即刮平至满足外观要求。

（4）表面干燥后用细砂纸打磨。

（5）修补完成后，及时覆盖，保湿养护3~7天。

4. 预控措施

（1）在构件生产前，需要将模具表面清理干净，做到表面平整光滑，保证不出现生锈现象。

（2）模具和混凝土的接触面应涂抹隔离剂，在进行隔离剂的涂刷过程中一定要均匀，不能出现漏刷或者是积存。

（3）混凝土应分层均匀振捣密实，至排除气泡为止。

（4）浇筑混凝土前认真检查模具的牢固性及缝隙是否堵好。

（5）露天生产时，应有相应的质量保证措施。

三、孔洞

1. 现象

孔洞是指混凝土中孔穴深度和长度均超过保护层厚度（见图5－5）。

图5－5　预制构件孔洞缺陷

2. 产生原因

（1）在钢筋较密的部位或预留孔洞和埋件处，混凝土下料被搁住，未振捣就继续浇筑上层混凝土。

（2）混凝土离析，砂浆分离，石子成堆，严重跑浆，又未进行振捣。

（3）混凝土一次下料过多、过厚，振捣器振动不到，形成松散孔洞。

（4）混凝土内掉入泥块等杂物，混凝土被卡住。

3. 解决办法

（1）将修补部位不密实混凝土及突出骨料颗粒仔细凿除干净，洞口上部向外上斜，下部方正水平为宜。

（2）用高压水枪及钢丝刷将基层处理洁净，修补前用湿棉纱等材料将空洞周边混凝土充分湿润。

（3）孔洞周围先涂以水泥净浆，再用无收缩灌浆料填补并分层仔细捣实，以免新旧混凝土接触面上出现裂缝。同时，将新混凝土表面抹平抹光至满足外观要求。

（4）如一次性修补不能满足外观要求，第一次修补可低于构件表面3～5mm，待修补部位强度达到5MPa以上，再用表面修补材料进行表面装饰处理。

4. 预控措施

（1）在钢筋密集处及复杂部位，采用细石混凝土浇灌。

（2）认真分层振捣密实，严防漏振。

（3）砂石中混有黏土块、模具工具等杂物掉入混凝土内，应及时清除干净。

四、气泡

1. 现象

气泡是指预制构件脱模后，构件表面存在除个别大气泡外，多细小气泡，呈片状密集（见图 5 – 6）。

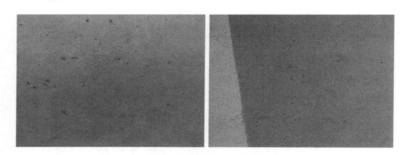

图 5 – 6   预制构件气泡缺陷

2. 产生原因

（1）砂石级配不合理，粗集料过多，细集料偏少。

（2）骨料大小不当，针片状颗粒含量过多。

（3）用水量较大，水灰比较高。

（4）脱模剂质量效果差或选择的脱模剂不合适。

（5）与混凝土浇筑中振捣不充分、不均匀有关。浇筑厚度往往超过技术规范要求，由于气泡行程过长，即使振捣的时间达到要求，气泡也不能完全排出。

3. 解决办法

（1）将气泡表面的水泥浆凿去，使气泡完全开口，并用水将气泡孔清理干净。

（2）用修补水泥腻子将气泡填满抹平即可。

（3）较大的气泡分两次修补。

4. 预控措施

（1）严格把好材料关，控制骨料大小和针片状颗粒含量，备料时要认真筛选，剔除不合格材料。

（2）优化混凝土配合比。

（3）模板应清理干净，选择效果较好的脱模剂，脱模剂要涂抹均匀。

（4）分层浇筑，一次放料高度不宜超过300mm。对于较长的构件，如预制梁，要指挥天车来回移动，均匀布料。

（5）要选择适宜的振捣设备，最佳的振捣时间。振捣过程中要按照"快插慢抽、上下抽拔"的方法，操作振动棒要直上直下，快插慢拔，不得漏振，振动时要上下抽动，每一振点的延续时间以表面呈现浮浆为度，以便将气泡排出。振捣棒插到上一层的浇筑面下100mm为宜，使上下层混凝土结合成整体。严防出现混凝土欠振、漏振和超振现象。

五、烂根

1. 现象

烂根是指预制构件浇筑时，混凝土浆顺模具缝隙从模具底部流出，或模具边角位置脱模剂堆积等，导致底部混凝土面出现"烂根"（见图5-7）。

图 5-7　预制构件烂根缺陷

2. 产生原因

（1）模具拼接缝隙较大，或模具固定螺栓、拉杆未拧牢固。

（2）模具底部封堵材料的材质不理想及封堵不到位，造成密封不严，引起混凝土漏浆。

（3）混凝土离析。

（4）脱模剂涂刷不均匀。

3. 解决办法

（1）凿毛。为确保灌浆料与基底混凝土具有良好的粘结，用钢丝刷或喷砂方法清除表面浮层污物（有油漆或油脂污染部位用丙酮洗刷）。如基面松动严重，应采用人工凿毛方法，凿掉破损的混凝土，使基底露出坚硬、牢固的混凝土面，凿毛务必彻底全面，但也不宜深度过大，以免损坏混凝土。

（2）冲洗和饱和。对凿除的混凝土表面，采用高压水枪（宜用自来水）将碎屑、灰尘冲洗干净，并连续、均匀地喷洒，使表层混凝土达到饱和状态，且表面无明水。

（3）灌浆料准备。灌浆料和水按规定的量在料桶中用搅拌机上下左右缓慢移动，充分搅拌均匀，且搅拌叶片不得提至液面之上，以免混入气泡。稠度根据现场施工需要来确定。成品灌浆，具有大流动性、无收缩、早强及高强（28 天达到 55MPa）等性能，可以满足和易性和强度要求。

（4）灌浆。待混凝土面凿毛清洗后，手摸混凝土表面时，感觉到似湿，应立即灌浆或抹浆。可采用机械喷涂或人工压抹，操作速度要快，朝一个方向，一次用力抹平，避免反复抹。

（5）灌浆后 24 小时不得使灌浆层振动、碰撞；在终凝前（2 ~ 4h）对表面抹压光，终凝后即覆盖温润布袋或草袋，并洒水养护，每天 4 ~ 6 次。养护温度在 15℃以上为宜，时间为 7 天。

4. 预控措施

（1）模具拼缝严密。

（2）模具侧模与侧模间、侧模与底模间应张贴密封条，保证缝隙不漏浆；密封条材质质量应满足生产要求。

（3）优化混凝土配合比。浇筑过程中注意振捣方法、振捣时间，避免过度振捣。

（4）脱模剂应涂刷均匀，无漏刷、无堆积现象。

六、露筋

1. 现象

露筋是指混凝土内部钢筋裸露在构件表面（见图 5 - 8）。

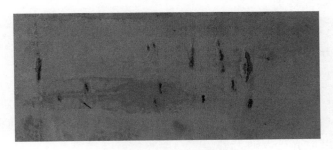

图 5 - 8　预制构件露筋缺陷

2. 产生原因

（1）在灌筑混凝土时，钢筋保护层垫块太少或漏放，致使钢筋紧贴模具外露。

（2）结构构件截面小，钢筋过密，石子卡在钢筋上，使水泥砂浆不能充满钢筋周围，造成露筋。

（3）混凝土配合比不当，产生离析，靠模具部位缺浆或模具漏浆。

（4）混凝土保护层太小或保护层处混凝土漏振、振捣不实，或振捣棒撞击钢筋或踩踏钢筋，使钢筋位移，造成露筋。

（5）脱模过早，拆模时缺棱、掉角，导致露筋。

3. 解决办法

（1）露筋的修补一般都是先用锯切槽、划定修补范围，使其形成规则的边缘，再用冲击工具对处理范围内的疏松混凝土进行清除。

（2）如果钢筋保护层厚度不足，必须要将钢筋向里移动。准备工作完成后可以采用喷射混凝土工艺或压力灌浆技术进行修补。

4. 预控措施

（1）钢筋保护层垫块厚度、位置应准确，垫足垫块，并固定好，加强检查。

（2）钢筋稠密区域，按规定选择适当的石子粒径，最大粒径不得超过结构界面最小尺寸的1/3。

（3）保证混凝土配合比准确和良好的和易性。

（4）模板应认真堵好缝隙。

（5）混凝土振捣严禁撞击钢筋，操作时避免踩踏钢筋，如有踩弯或脱扣等及时调整。

（6）正确掌握脱模时间，防止过早拆模，碰坏棱角。

七、缺棱掉角

1. 现象

缺棱掉角是指结构或构件边角处混凝土局部掉落，不规则，棱角有缺陷（见图 5 – 9）。

图 5 – 9　预制构件缺棱掉角缺陷

2. 产生原因

（1）脱模过早，造成混凝土边角随模具拆除破损。

（2）拆模操作过猛，边角受外力或重物撞击保护不好，棱角被碰掉。

（3）模具边角灰浆等杂物未清理干净，未涂刷隔离剂或涂刷不均匀。

（4）构件成品在脱模、起吊、存放、运输等过程受外力或重物撞击保护不好，棱角被碰掉。

3. 解决办法

（1）对于尺寸偏小处，将缺角处已松动的混凝土凿去，并用水冲洗干净，然后用修补水泥砂浆将崩角处填补好。

（2）如缺角的厚度超过 40mm 时，要加种钢筋，用高标号细石混凝土分两次或多次修补。修时要用靠模，确保修补处与整体平面保持一致，边角线条平直。

4. 预控措施

（1）控制构件脱模强度。脱模时，构件强度应满足设计图纸要求，图纸没规定，强度不低于15MPa。

（2）拆模时注意保护棱角，避免用力过猛。

（3）模具边角位置要清理干净，不得粘有灰浆等杂物。

（4）涂刷隔离剂要均匀，不得漏刷或积存。

（5）加强预制构件成品的保护。

八、裂缝

1. 现象

裂缝从混凝土表面延伸至混凝土内部，按照深度不同可分为表面裂缝、深层裂缝、贯穿裂缝。贯穿性裂缝或深层的结构裂缝对构件的强度、耐久性、防水等造成不良影响，对钢筋的保护尤其不利（见图5-10）。

混凝土裂缝

图5-10　预制构件裂缝缺陷

2. 产生原因

（1）混凝土失水干缩引起的裂缝：成型后养护不当，受到风吹日晒，表面水分散失快引起的温缩裂缝。

（2）采用含泥量大的粉砂配制混凝土，收缩大，抗拉强度低。

（3）不当荷载作用引起的结构裂缝，构件上部放置其他荷载物。

（4）蒸汽养护过程中升温降温太快。

（5）预制构件吊装、码放不当引起的裂缝。

（6）预制构件在运输及库区堆放过程中支垫位置不对产生裂缝。

（7）预制构件较薄、跨度大易引起裂缝。

（8）构件拆模过早，混凝土强度不足，使得构件在自重或施工荷载下产生裂缝。

（9）钢筋保护层过大或过小。

3. 解决办法

（1）修补前，必须对裂缝处混凝土表面进行预处理，除去基层表面上的浮灰、水泥浮浆、反霜、油渍和污垢等，并用水冲洗干净；对表面上的凸起、疙瘩以及起壳、分层等疏松部位，应将其铲除，并用水冲洗干净，干燥后按处理方案进行修补。

（2）收缩裂缝修补：对于细微的收缩裂缝可向裂缝注入水泥砂浆，填实后覆盖养护；或对裂缝加以清洗，干燥后涂刷两遍环氧树脂净浆进行表面封闭。对于较深的收缩裂缝，应用环氧树脂净浆注浆后表面再加刷建筑粘胶进行封闭。

（3）龟裂修补：首先要清洗预制构件表面，不能有灰尘残留，再用海绵涂抹水泥腻子进行修补，凝结后用细砂纸打磨光滑。

（4）不贯通裂缝修补：首先要在裂缝出凿出 V 型槽，并将 V 型槽清理干净，做到无灰尘，用与预制构件强度相当的水泥砂浆或混凝土进行修补,修补后要把残余修补料清理干净。待修补处强度到达5MPa以上后再用水泥腻子进行表面处理。

(5)贯通裂缝修补:首先要将裂缝处整体凿开,清理干净,做到无灰尘,用无收缩灌浆料或水泥砂浆进行修补,也可在裂缝处用环氧树脂进行修补,环氧树脂要用注浆设备来操作,注射完成后再用水泥腻子进行表面修补。

4. 预控措施

(1)成型后及时覆盖养护,保湿保温。

(2)优化混凝土配合比,控制混凝土自身收缩。

(3)控制混凝土水泥用量,水灰比和砂率不要过大。严格控制砂、石含泥量,避免使用过量粉砂。

(4)制订详细的构件脱模、吊装、码放、倒运、安装方案并严格执行。构件堆放时支点位置不应引起混凝土发生过大拉应力。堆放场地应平整夯实,有排水措施。堆放时垫木要规整,水平方向要位于同一水平线上,竖直方向要位于同一垂直线上。堆放高度视构件强度、地面耐压力、垫木强度和堆垛稳定性而定,不超过六层。禁止在构件上部放置其他荷载及人员踩踏。

(5)根据实际生产情况制定各类型构件养护方式,设置专人进行养护。拆模吊装前必须委托试验室做同步养护试块抗压强度试验,在接到实验室强度报告合格单后再对构件实施脱模作业,从而保证构件的质量。要保证预制构件在规定时间内达到脱模要求值,劳务班组应优化支模、绑扎等工序作业时间,加强落实蒸养制度,加强对劳务班组(蒸养人员)的管理等。

(6)构件生产过程严格按照图纸及变更施工,保证钢筋保护层厚度符合要求。在进行钢筋制作中,需要严格控制钢筋间距和保护层的厚度。如果钢筋保护层出现过厚的现象,需要对其进行防裂措施。同时需要对管道预埋部位以及洞口和边角部位采取一定的构造加强措施。

（7）减少构件制作跨度，尤其是叠合板构件。叠合板在吊装过程中经常会因为跨度过大而断裂。为了解决这一问题，可以事先与设计单位沟通，建议设计单位在进行构件设计时充分考虑这一问题，尽量将叠合板跨度控制在板的挠度范围内，以减少现场吊装过程中叠合板的损坏。

九、色差

1. 现象

色差是指混凝土在施工及养护过程中存在不足，造成构件表面色差过大，影响构件外观质量。尤其是清水构件直接采用混凝土的自然色作为饰面，因而混凝土表面质量直接影响构件的整体外观质量。所以混凝土表面应平整、色泽均匀、无碰损和污染现象（见图 5 - 11）。

图 5 - 11　预制构件色差缺陷

2. 产生原因

（1）原材料变化及配料偏差。

（2）搅拌时间不足，水泥与砂石料拌合不均匀，造成色差影响。

（3）混凝土在施工中，由于使用工具不当，如振动棒接触模板振捣，将会在混凝土构件表面形成振动棒印，从而影响构件外观效果。

（4）由于混凝土的过振造成混凝土离析出现水线状，形成类似裂缝状影响外观。

（5）因混凝土的不均匀性或者由于浇筑过程中出现较长的时间间断，造成混凝土接茬位置形成青白颜色的色差。

（6）由于施工中振动过度，造成混凝土离析或者形成大面积的花斑状（石子外露点）纹理，不仅影响外观质量，而且会导致混凝土强度降低。

（7）模板表面不光洁，未将模板清理干净，模具面存在铁锈。

（8）模板漏浆。在混凝土浇筑过程中，模板不贴密的部分出现漏浆、漏水。由于水泥流失且随着混凝土养护过程的进行，水分蒸发，在不贴密部位就形成麻面、翻砂。

（9）脱模剂涂刷不均匀。

（10）养护不稳定。混凝土浇筑完成后进入养护阶段，由于养护时各部分湿度或者温度等的差异太大，造成混凝土凝固不同步而产生接茬色差。

（11）局部缺陷修复。

3. 解决办法

（1）对油脂引起的假分层现象，用砂纸打磨后即可现出混凝土本色。对其他原因造成的混凝土分层，当不影响结构使用时，一般不做处理，需处理时，用灰白水泥调制的接近混凝土颜色的浆体粉刷即可。当有软弱夹层影响混凝土结构的整体性时，按施工缝进行处理。

（2）如夹层较小，缝隙不大，可先将杂物浮渣清除，夹层面凿成"V"字形后，用水清洗干净，在潮湿无积水状态下，用水泥砂浆用力填塞密实。

（3）如夹层较大，将该部位混凝土及夹层凿除，视其性质按蜂窝或孔洞修补方法进行处理。

4. 预控措施

（1）模板控制：对钢模板内表面进行刨光处理，保证钢模板内表面清洁。模板接缝处要严密（采取贴密封条等措施），防止漏浆。模板脱模剂应涂刷均匀，防止模板粘皮和脱模剂不均，造成色差。

（2）混凝土配合比控制：严格控制混凝土配合比，经常检查，做到计量准确。保证搅拌时间，混凝土搅拌均匀，坍落度适宜。检查砂率是否满足要求。

（3）严格控制混凝土的坍落度，保持浇筑过程中坍落度一致。

（4）原材料控制：对首批进场的原材料经取样复试合格后，应立即进行封样，以后进场的每批料均与封样进行对比，发现有明显色差的不得使用。清水混凝土生产过程中，一定要严格按试验确定的配合比投料，不得带任何随意性，并严格控制水灰比和搅拌时间，随气候变化随时抽验砂子、碎石的含水率，及时调整用水量。

（5）施工工艺控制：

①浇筑过程连续，因特殊原因需要暂停的，停滞时间不能超过混凝土的初凝。

②控制下料的高度和厚度，一次下料不能超过30cm，严防因下料太厚导致的振捣不充分。

③严格控制振捣时间和质量，振捣距离不能超过振捣半径的1.5倍，防止漏振和过振。振捣棒插入下一层混凝土的深度，保证深度在5~10cm，振捣时间以混凝土翻浆不再下沉和表面无气泡泛起为止。

④严格控制混凝土的入模温度和模板温度，防止因温度过高导致贴模的混凝土提前凝固。

⑤严格控制混合料的搅拌时间。

（6）养护控制（蒸汽养护）：

①构件浇筑成型后养护窑或覆盖（固定台）进行蒸汽养护，

蒸养制度如下：静停（1～2h）→升温（2h）→恒温（4h）→降温（2h），根据天气状况可做适当调整。

②静停1～2h（根据实际天气温度及坍落度可适当调整）；升温速度控制在15℃/h；恒温最高温度控制在60℃；降温速度为15℃/h。当构件的温度与大气温度相差不大于20℃时，撤除覆盖。

③测温人员填写测温记录，并认真做好交接记录。

十、飞边

1. 现象

飞边是指构件拆模后由于漏砂或多余砂浆形成的毛边、飞刺等（见图5－12）。

图5－12 预制构件飞边缺陷

2. 产生原因

（1）模具严重变形，拼缝不严，在振捣时砂浆外流形成飞边。

（2）成型时板面超高，拆模后板面多余的混凝土或灰浆形成飞边、毛刺。

（3）侧模下面、底模上的灰渣等杂物未清理干净，振捣时漏浆造成飞边。

3. 解决办法

一般飞边比较薄，不用在工艺上采取措施，直接磨掉即可，

4. 预控措施

（1）模板制作时应合理选材，严格控制各部分尺寸，尽可能减少缝隙。

（2）模具使用一定周期内进行复检，对不合格的模具，及时修补，修复合格后方可使用。

（3）成型时多余混凝土要及时铲除，不使构件超高。

（4）注意将侧模下面和底模上的灰渣等杂物清理干净。

十一、水纹

1. 现象

水纹现象是指构件拆模后其局部表面有水纹状痕迹，类似波浪（见图 5 – 13）。

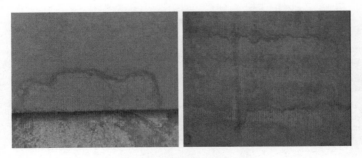

图 5 – 13　预制构件水纹缺陷

2. 产生原因

（1）水泥性能较差，混凝土保水性差、泌水率大。

（2）施工中未及时清除泌水。

（3）过振。

3. 解决办法

（1）若表面质量要求不高，在打磨后用砂浆再刷一遍即可。

（2）及时清除混凝土表面泌水。

4. 预控措施

（1）优先选用保水性好的水泥，优选普通硅酸盐水泥，保证搅拌时间。

（2）连续浇筑，生产中表层混凝土若有明显泌水要及时清除，采取铲掉更换新料的办法处理。

（3）严格按照规范要求进行振捣，不过振。

十二、砂斑、砂线、起皮

1. 现象

砂斑、砂线、起皮现象是指混凝土表面出现条状起砂的细线或斑块，有的地方起皮，皮掉了之后形成砂毛面（见图 5 - 14）。

图 5 - 14　预制构件砂斑、砂线、起皮缺陷

2. 产生原因

（1）直接原因是混凝土和易性不好，泌水严重。深层次的原因是骨料级配不好、砂率偏低、外加剂保水性差、混凝土过振等。

（2）表面起皮的一个重要原因是混凝土二次抹面不到位，没有把泌水形成的浮浆压到结构层里。同时也可能是蒸汽养护升温速度太快，引起表面爆皮。

3. 解决办法

对缺陷部位进行清理后，用含结构胶的细砂水泥浆进行修补，待水泥浆体硬化后，用细砂纸将整个构件表面均匀地打磨光洁，如果有色差，应调整砂浆配合比。

4. 预控措施

（1）选用普通硅酸盐水泥。

（2）通过配合比确定外加剂的适宜掺量。调整砂率和掺合料比例，增强混凝土粘聚性。采用连续级配和二区中砂。

（3）严格控制粗骨料中的含泥量、泥块含量、石粉含量、针片状含量。

（4）通过试验确定合理的振捣工艺（振捣方式、振捣时间）。表面起皮的构件，应当加强二次抹面质量控制，同时严格控制构件养护温度，混凝土表面要覆盖。

十三、外墙保温连接件锚固不牢

1. 现象

外墙保温连接件锚固不牢是指外墙保温连接件松动或轻微晃动可拔出（见图5-15）。

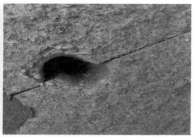

图 5 – 15　预制构件保温连接件锚固不牢

2. 产生原因

（1）没有在混凝土初凝前插入 FRP 拉结件；

（2）保温板没有提前钻孔，FRP 拉结件穿过保温板插入；

（3）金属拉结件与钢筋绑扎不牢；

（4）FRP 或金属拉结件受到扰动；

（5）FRP 拉结件安装时与外叶钢筋网片碰撞。

3. 解决办法

（1）对于保温板接缝或拉结件留孔的空隙，在拉结件安装后用聚氨酯发泡等方式进行填充。

（2）对于保温连接件在结构层松动的问题，目前技术上暂无可靠的补救措施，应在施工过程中严格控制，避免出现此类问题。

4. 预控措施

（1）FRP 拉结件要在混凝土初凝前插入；

（2）保温板必须提前钻孔；

（3）金属拉结件必须与钢筋绑扎牢固；

（4）拉结件埋设后禁止受到扰动；

（5）避免与钢筋网片碰撞。

十四、预制构件强度不足

1. 现象

预制构件强度不足是指同批混凝土试块的抗压强度按《混凝土强度检验评定标准》GB/T 50107 的规定评定不合格。

2. 产生原因

（1）原材料质量差。

①水泥质量不合格。主要原因是水泥出厂质量差、保管条件差或贮存时间过长，水泥结块，活性降低，导致混凝土强度不够。

②骨料（砂、石）质量不合格，集料本身强度不够，集料含泥量超标。

③拌合水质量不合格。

④外加剂质量差或与水泥配伍性差。

（2）配合比不合适。

混凝土配合比是决定强度的重要因素之一，其中水灰比大小直接影响混凝土强度。施工过程中材料计量不准确，外加剂使用方法错误或质量差都是配合比不合适的表现。

（3）施工工艺存在问题。

①混凝土拌制时间短且不均匀，影响强度。

②运输条件和运输设备差，运输距离较远，在运输中使混凝土产生离析。

③浇筑方法不当，成型振捣不密实。

④养护条件不良，温湿度不够，早期缺水干燥或早期受冻，造成混凝土强度偏低。

⑤试件制作不规范，试件强度试验方法不规范。

3. 预控措施

（1）加强试验检查，确保原材料质量，严格控制不合格材料进场。

（2）水泥进场必须有出厂合格证，未经检验或检验不合格的严禁使用，加强对水泥贮存和使用的管理。

（3）严格控制砂石级配及含泥量等指标，砂石料须经试验合格后方可使用。

（4）严格控制混凝土配合比，保证计量准确。

（5）应按顺序拌制混凝土，要合理拌制，保证搅拌时间和均匀性。

（6）在生产过程中发现不合格混凝土时禁止使用，生产车间及时通知实验室调整混凝土质量。

（7）按规定认真制作试块，加强对试块的管理和养护。规范试验程序，严格按操作规程进行试件强度试验，经常进行比对试验。

（8）浇筑完成的构件，要严格按技术交底的要求进行蒸汽养护，做好养护记录，并对出模的构件实施洒水养护。加强落实并执行蒸汽养护制度，设置专职养护人员。

（9）冬季施工时，要采取冬季施工措施，防止混凝土早期受冻。

（10）构件脱模起吊时，同条件养护的试件试压强度合格后方可起吊。混凝土强度尚未达到设计值的预制构件，要做好混凝土出模后各阶段的养护。

十五、预制混凝土强度离散性大

1. 现象

预制混凝土强度离散性大是指同批混凝土试块的抗压强度相差较大。

2. 产生原因

（1）水泥过期或受潮，活性降低；砂、石骨料级配或含水量不稳定，含泥量大，杂物多；外加剂质量不稳定，掺量不准确。

（2）混凝土配合比控制不严，计量不准，施工中随意加水，使水灰比增大。

（3）混凝土加料顺序颠倒，搅拌时间不够，搅拌不匀。

（4）冬期施工时，拆模过早或早期受冻。

（5）混凝土试块制作时，不是同一批混凝土，振捣不密实，养护管理不善，或养护条件不符合要求，在同条件养护时，早期脱水或受外力破坏。

3. 预控措施

（1）设计合理的混凝土配合比。

（2）正确按设计配合比施工。加强搅拌、振捣与养护。

（3）混凝土原材料的质量必须符合标准规范及技术交底的规定，原材料必须具有齐全的出厂合格证及相关质量证明文件。每批原材料都要进场复验，不合格原材料及时做退场处理。

（4）混凝土试件应在混凝土浇筑地点随机抽取。

（5）试块制作时，混凝土要搅拌均匀，按规范标准制作。

（6）制作完成的试块，要严格按技术交底的要求做同步及标养试件。

十六、预制构件钢筋工程质量通病

钢筋工程包括钢筋下料、制作、焊接或者连接、钢存放、绑扎、吊装、安装等。钢筋工程作为预制混凝土钢筋的一个重要工序，起着抗拉、抗剪等抗应力应变的作用。一旦构件形成，就难以从外观上感知其质量情况和征兆，故它属于隐蔽工程，并具有工作量大、施工面广的特点。钢筋工程涉及的质量通病和预防措施如下。

1. 钢筋原材料问题

（1）现象（见图5－16）。

①钢筋进场时没有出厂合格证及标识牌等材质证明，或标识牌与出场合格证、钢筋标识不符，批量不清。

②钢筋进场后没有按规格、批量取样复试，或复试报告不全。

③进场钢筋原材不合格，试验人员取样不规范或试验不符合试验规程要求。

④钢筋混放，不同规格或不同厂的钢筋堆放不清。

⑤钢筋严重锈蚀或污染。

图5－16　钢筋原材料缺陷

（2）产生原因。

①钢筋进入仓库或生产现场时，管理不好，制度不严，没有分规格、分批量进行堆放验收，核对材质证明。

②钢筋进场后没有及时按规定进行取样复试，或复试合格后的试验报告不及时存档。

③试验人员对进场钢筋复试取样或检验时，未按照技术标准要求进行取样或检验，以致整批材质不合格。

④钢筋露天堆放，管理不好，受雨雪侵蚀或环境潮湿、通风不良，存放期过长，使钢筋呈片状褐锈，有麻坑或受到油污等。

⑤工厂中途停工，裸露钢筋未加保护，产生锈蚀。

⑥脱模剂或设备等漏油污染钢筋，混凝土浇筑时，水泥浆污染钢筋。

（3）预控措施。

①建立严格的管理制度，每批钢筋进场前必须审查钢材厂家提供的出厂合格证、出厂检验报告和进场复验报告。钢筋进入仓库或现场时，应有专人检查验收，检查送料单和出场材质证明，做到证随物到，证物相符，核验品种、等级、规格、数量、外观质量是否符合要求。

②钢筋应堆放在仓库或料棚内，保持地面干燥。钢筋不得直接堆置在地面上，必须用混凝土墩、垫木等垫起，离地300mm以上。工地露天堆放时，应选择地势较高、地面干燥的场地，四周要有排水措施。按不同厂家、不同等级、不同规格和批号分别堆放整齐，每捆钢筋的标签应在明显处。对每堆钢筋应建立标牌进行标识，表明其品种、等级、直径及受检状态。

③到场钢筋应及时按规定分等级、规格、批量取样进行力学性能试验，试验报告与材料证明及时归入技术档案存查。复试取样或试验必须按照技术要求进行。

④钢筋进场后，应尽量缩短堆放期，先进场的先用，防止和减少钢筋的锈蚀。

⑤钢筋红褐色锈斑、老锈等经除锈后才能使用，严重锈蚀的钢筋如出现麻坑等，经有关部门鉴定后才能使用。

⑥生产过程中，应尽量避免脱模剂和各种油料污染钢筋，一旦发生污染必须清擦干净。砼浇筑时钢筋上污染的水泥浆，应在浇筑完后将水泥浆清刷干净。工厂中途停工外露的钢筋应采取防锈措施，予以保护。

2. 钢筋加工问题

（1）现象（见图5-17）。

①钢筋下料前未将锈蚀钢筋进行除锈，导致返工。

②钢筋下料后尺寸不准、不顺直、切口马蹄状等。

③钢筋末端需做90°、135°或180°弯折时，弯曲直径不符合要求或弯钩平直段长度不符合要求。

④箍筋尺寸偏差大，变形严重，拐角不成90°，两对角线长不等，弯钩长度不符合要求。

图5-17 钢筋加工缺陷

（2）产生原因。

①操作人员及专检人员对交底不清或责任心不强。

②钢筋配料时没有认真熟悉设计图纸和施工规范，配料尺寸有误，下料时尺寸误差大，画线方法不对，下料不准。

③钢筋下料前对原材料没有调直，钢筋切断时，一次切断根数偏多或切断机刀片间隙过大，使端头歪斜不平（马蹄形）。

④钢筋端头弯折的弯曲直径、弯钩平直段长度不符合要求。一是管理人员交底不清；二是操作人员对不同级别、不同直径钢筋的弯曲直径不了解或操作不认真；三是弯曲机上的弯心配件未及时更换或规格不配套、不齐全。

⑤箍筋成型时工作台上画线尺寸误差大，没有严格控制弯曲角度，一次弯曲多个箍筋时没有逐根对齐，箍筋下料长度不够，致使弯钩平直部分长度不足。

（3）预控措施。

①钢筋加工前技术人员应对操作班组进行详细的书面交底，提出质量要求。操作人员必须持证上岗，熟识机械性能和操作规程。

②表面生有老锈的钢筋禁止使用。钢筋表面生锈的在下料前先除锈，将钢筋表面的油渍、漆渍及浮皮、铁锈等清除干净，以免影响其与混凝土的粘结效果。在除锈过程中发现钢筋表面的氧化铁皮鳞脱落严重并已损伤截面，或在除锈后钢筋表面有严重的麻坑、斑点伤蚀截面时，应通过试验的方法确定钢筋强度，以降级使用或剔除不用。

③加强钢筋配料管理工作。首先要熟悉设计图纸和规范要求，按钢筋的形状计算出钢筋的尺寸，根据本单位设备情况和传统操作经验，预先确定各种形状钢筋下料长度的调整值（弯曲类型、弯曲处曲率半径、扳距、钢筋直径等）。配料时考虑周到，确定钢筋的实际下料长度。在大批成型弯曲前先试成型，做出样板，在调整好下料长度后，再批量加工。

④钢筋加工宜在常温状态下进行，加工过程中不应加热钢筋。钢筋弯折应一次完成，不得反复弯折。

⑤钢筋下料前对原材料弯曲的应先予以调直，下料时控制好尺寸，将切断机的刀片间隙等调整好，一次切断根数适当，防止端头歪斜不平。切断过程中，如发现钢筋有劈裂、缩头或严重弯头等问题时，必须切除。

⑥箍筋的下料长度要确保弯钩平直长度的要求，成型时按图纸

尺寸在工作台上画线准确，弯折时严格控制弯曲角度，达到90°。一次弯曲多个箍筋时，在弯折处必须逐个对齐，弯曲后钢筋不得有翘曲或不平现象，弯曲点处不得有裂纹。成型后进行检查核对，发现误差进行调整后再大批加工成型。拉钩的要求同箍筋。

3. 钢筋丝头加工及连接套筒问题

（1）现象（见图5-18）。

①丝头端面不垂直于钢筋轴线，倾斜面超2°以上，并大量存在马蹄头或弯曲头。加工丝头的端面切口未进行飞边修磨。

②螺距及坡角不符合要求，成型丝头未进行妥善保护，齿面存在泥沙污染。

③钢筋丝口存在断丝现象，丝头长度不够，丝头直径不合适。

④套筒外露有效丝扣过多。

图5-18 钢筋丝头加工及连接套筒缺陷

（2）产生原因。

①原材料未按要求加工。

②加工机械不对或设备未调整好，滚丝轮规格不符合要求，滚丝轮用的频次过多，齿轮不满足要求。

③接头未打磨，未加保护帽。

④从材料方面来看，对套筒的保护措施不当，造成套筒或丝头锈蚀、油污。丝头粗糙、丝头端头不齐，使钢筋接头处存在空隙。

⑤从机械本身功能和质量上来看，在钢筋连接过程中没有使用

专业的连接工具。滚丝机长度定位不准，造成丝头加工长度不一。

⑥从连接方法上来看，套筒连接方法不正确。操作人员没有经验，操作技能水平低。

⑦从人员来看，操作人员缺少经验，操作人员技术不够。作业班组质量意识淡薄，施工技术规范不熟悉。在钢筋丝头连接完成后没有进行自检，"三检"制度未彻底落实。

（3）预控措施。

①选择良好的设备和工艺是制作合格丝头的前提。

②钢筋下料后，丝头加工前，务必对钢筋端面进行切头打磨。保证丝头端面完整、平顺并垂直于钢筋轴线。对端部不直的钢筋要预先调直，按规程要求，切口的端面应与轴线垂直，不得有马蹄形或挠曲。因此刀片式切断机无法满足加工精度要求，通常只有采用砂轮切割机，按配料长度逐根进行切割。要求飞边修磨干净，确保牙形饱满，与环规牙型完整吻合。

③验收合格的成型丝头在未进行连接前，上塑料套帽进行保护。放置时间过长时，再用毡布覆盖。

④随时检验。用环规对丝头进行检验，抽检数量不少于10%且不得少于10个。用专用量规检查丝头长度，加工工人应逐个检查丝头的外观质量，不合格的立即纠正，合格的单独码放并进行标识。

⑤应保证丝头在套筒中央位置相互顶紧。

⑥用专用扭矩扳手对安装好的接头进行抽检，检查是否符合规定的力矩值。

⑦有专人对钢筋滚丝机定期和不定期进行检查定位，现场操作人员应细心请教，熟练掌握剥肋刀头和滚丝头定位的技术。

⑧加强人员培训，增强个人技能和质量意识，且操作人员应相对固定。

4. 钢筋绑扎与钢筋成品吊装、安装问题

（1）现象（见图5-19）。

①钢筋骨架外形尺寸不准。

②钢筋的间距、排距位置不准，偏差大，受力钢筋砼保护层不符合要求，有的偏大，有的紧贴模板。

③钢筋绑扣松动或漏绑严重。

④箍筋不垂直主筋，间距不匀，绑扎不牢，不贴主筋，箍筋接头位置未错开。

⑤所使用钢筋规格或数量等不符合图纸要求。

⑥钢筋的弯钩朝向不符合要求或未将边缘钢筋勾住。

⑦钢筋骨架吊装时受力不均，倾斜严重，导致入模钢筋骨架变形严重。

⑧悬挑构件绑扎主筋位置错误。

图5-19　钢筋绑扎及成品吊装缺陷

（2）产生原因。

①绑扎操作不严格，不按图纸尺寸绑扎。

②用于绑扎的铁丝太硬或粗细不适当，绑扣形式为同一方向。或将钢筋骨架吊装至模板内过程中骨架变形。

③事先没有考虑好工序顺序，忽略了预埋件安装顺序，致使预埋铁件等预埋件无法安装，加之操作工人野蛮施工，导致发生骨架变形、间距不一等问题。

④生产人员随意踩踏、敲击已绑扎成型的钢筋骨架，使绑扎点松弛，纵筋偏位。

⑤操作人员交底不认真，或操作人员素质低，操作时无责任心，造成操作错误。

（3）预控措施。

①钢筋绑扎前先认真熟悉图纸，检查配料表与图纸、设计是否有出入，仔细检查成品尺寸是否与下料表相符，核对无误后方可进行绑扎。

②钢筋绑扎前，尤其是悬挑构件，技术人员要对操作人员进行专门的交底，做出第一个构件样板，进行样板交底。绑扎时严格按设计要求安放主筋位置，确保上层负弯距钢筋的位置和外露长度符合图纸要求，架好马凳，保持其高度。在浇筑砼时，采取措施，防止上层钢筋被踩踏，影响受力。

③保护层垫块厚度应准确，垫块间距应适宜，否则导致较薄构件板底面出现裂缝，楼梯底模（立式生产）露筋。

④钢筋绑扎时，两根钢筋的相交点必须全部绑扎，并绑扎牢固，防止缺扣、松扣。对于双层钢筋，两层钢筋之间须加钢筋马凳，以确保上部钢筋的位置，绑扎时铁线应绑成八字形。钢筋弯钩方向不对的，将弯钩方向不对的钢筋拆掉，调准方向，重新绑牢，切忌不拆掉钢筋而硬将其拧转。

⑤构件上的预埋件、预留洞及 PVC 线管等，在生产中及时安装（制定相应的生产工序），不得任意切断、移动、踩踏钢筋。有双层钢筋的，尽可能在上层钢筋绑扎前，将有关预埋件布置好，绑扎钢筋时禁止碰动预埋件、洞口模板及电线盒等。

⑥钢筋骨架吊装入模时，应力求平稳，钢筋骨架用"扁担"起吊，吊点应根据骨架外形预先确定，骨架各钢筋交点要绑扎牢固，必要时焊接牢固。

⑦加强对操作人员的管理工作，禁止野蛮施工。

5. 钢筋半成品、成品运输、码放问题

（1）现象（见图5-20）。

①钢筋半成品、成品随意选择地点堆放。

②各工程、各种类型钢筋半成品、成品堆放混乱，无标识牌。

③钢筋半成品、成品码放不齐、码放高度超高，野蛮装卸作业

④合格品与废料堆放在同一区域。

图5-20 钢筋半成品缺陷

（2）产生原因。

①未对操作人员进行交底或交底不全。

②操作人员对交底要求不清楚或责任心较差。

（3）预控措施。

①技术人员要对操作人员进行专门的交底。加强对现场操作人员的管理工作，提高操作人员质量意识，加强工作责任心。

②钢筋半成品、成品的码放场地必须平整坚实，不积水。底部必须用混凝土墩、垫木等垫起，离地300mm以上。工地露天堆放时，应选择地势较高，地面干燥的场地，四周要有排水措施，做好雨淋日晒的防护措施。

③各种类型钢筋半成品、成品应堆放整齐，挂好标志牌，注明使用工程、规格、型号、质量检验状态等。

④转运时钢筋半成品、成品应小心装卸，合理安排码放高度，不应随意抛掷，避免钢筋变形。

⑤成型钢筋、钢筋网片应按指定地点堆放，用垫木垫放整齐，合理控制码放高度，防止受压变形。

⑥成型钢筋不准踩踏，特别应注意负筋部位。

⑦成型钢筋长期放置未使用，宜室内堆放垫好，防止锈蚀。

⑧必须将废料单独码放，严禁钢筋加工区废料随意摆放。

十七、预制构件几何尺寸偏差问题

1. 现象

预制构件几何尺寸偏差是指预制构件高、宽、厚等几何尺寸与图纸设计不符，或是侧向弯曲、扭翘以及内外表面平整偏差较大等，严重者将影响结构性能或装配、使用功能（见图 5 - 21）。

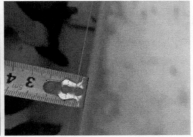

图 5 - 21　预制构件几何尺寸偏差缺陷

2. 产生原因

（1）模具制作过程中几何尺寸控制较差，模具的承载力、刚度及稳定性较差，到厂模具未仔细验收或未验收就直接投入使用。

（2）生产前模具台座未抄平或未固定牢固，生产过程中模具位移未修正。

（3）浇筑过程中，混凝土一次下料太多等原因导致模具跑位、胀模。

（4）模板使用时间过长，出现了不可修复的变形。

（5）构件脱模后码放、运输不当，导致出现塑性变形。

3. 预控措施

（1）优化模板设计方案，确保模板构造合理，刚度足够完成生产任务。

（2）施工前认真熟悉设计图纸，首次生产的构件要对照图纸进行测量，确保模具合格，构件尺寸正确。

（3）模板支撑机构必须具有足够的承载力、刚度和稳定性，确保模具在浇筑混凝土及养护的过程中，不变形、不失稳、不跑模。

（4）加强预制构件制作过程质量控制与验收。

（5）振捣工艺合理，使模板不受振捣影响而变形。控制混凝土坍落度，不要太大。在浇筑混凝土过程中，及时发现松动、变形的情形，并及时补救。做好二次抹面压光。

（6）做好码放、运输技术方案并严格执行，严格执行"三检"制度。

十八、预埋件及预留孔洞位置偏差、移位

1. 现象

预埋件及预留孔洞位置偏差、移位是指预制构件中的线盒、线管、吊点、预埋铁件、套筒等预埋件中心线位置、埋设高度等问题超过规范允许偏差值。预埋件问题在构件生产中发生批次较高，造成返工修补，影响生产进度，更严重者将影响工程后期施工使用（见图5-22）。

（1）线盒、预埋铁件、吊母、吊环、防腐木砖等位置超过规范允许偏差值。

（2）墙板灌浆套筒规格使用错误，导致构件重新生产。

（3）预埋件埋设高度超差严重，影响工程后期安装使用。尤其在成品检查验收中，多出现预埋线盒上浮、内陷问题。

（4）墙板未预留斜支撑固定吊母，导致安装时直接在预制墙板上打孔用膨胀螺栓固定。

（5）浇筑振捣过程中，对套筒、注浆管或是预埋线盒、线管造成堵塞、脱落问题。

图 5 - 22　预埋件尺寸偏差、下沉

2. 产生原因

（1）模具制作时遗漏预埋件定位孔，定位孔中心线位置偏移超差或预埋件定位模具高度超差。

（2）定位工装使用一定次数后出现变形，导致线盒内陷（上浮）等质量通病。

（3）构件生产过程生产人员及专检人员未对照设计图纸检查，导致预埋件规格使用错误、数量缺失、埋设高度超差或中心线位置偏移超差等问题发生。

（4）操作工人生产时不够细致，预埋件没有固定好。

（5）混凝土浇筑过程中预埋件被振捣棒碰撞。

（6）抹面时没有认真采取纠正措施。

（7）存放运输时没有加垫木，导致埋件受压下沉。

3. 预控措施

（1）预制构件制作模具应满足构件预埋件的安装定位要求，其精度应满足技术规范要求。

（2）预埋件安装时，应采取可靠的固定保护措施及封堵措施，确保其不移位、不变形，防止振捣时堵塞及脱落。容易移位或混凝土浇筑中有位移趋势的，必须重新加固。如发现预埋件在混凝土浇筑中位移，应停止浇筑，查明原因，妥善处理，且一定要在混凝土凝结之前重新固定好预埋件。

（3）解决抹灰面线盒内陷（上浮）质量问题除了保证工装应固定牢固，保持平面尺寸外，还须定期校正工装变形，及时调整，更为关键的是要在抹面时进行人工检查和调整。而模板面线盒内陷（上浮）质量问题最好的控制办法是在底模上打孔固定，且振捣时避免直接振捣该部位造成上浮、扭偏。

（4）混凝土浇筑前，生产人员及质检人员共同对预埋件规格、位置、数量及安装质量进行仔细检查，验收合格后，方可浇筑。检查验收发现位置误差超出要求、数量不符合图纸要求等问题，必须重新施作。

（5）如果遇到预留件与其他线管、钢筋或预埋件等发生冲突时，要及时上报，严禁自行进行移位处理或其他改变设计的行为出现。

（6）浇筑混凝土过程中避免振捣棒直接碰触钢筋、模板、预埋件等。

（7）加强过程检验，切实落实"三检"制度。

第六章

安全生产

第一节

安全生产的概念

安全生产是指在生产经营活动中，为避免造成人员伤害和财产损失事故而采取相应的事故预防和控制措施，使生产过程在符合规定的条件下进行，以保证从业人员的人身安全与健康，设备和设施免受损坏，环境免遭破坏，保证生产经营能够顺利进行的相关活动。

第二节

安全生产的方针

安全生产管理坚持"安全第一，预防为主"的方针；消防工作坚持"预防为主，防消结合"的方针。

第三节
安全生产的原则

一、安全生产基本原则

加强劳动保护，改善劳动条件。

二、管生产必须管安全的原则

企业的主要负责人在抓经营管理的同时必须抓安全生产。

三、全员安全生产教育培训的原则

对企业全体员工（包括临时工）进行安全生产法律法规和安全专业知识，以及安全生产技能等方面的教育和培训。

四、"三同时"原则

生产性基本建设项目中的劳动安全卫生设施必须符合国家规定的标准，必须与主体工程同时设计、同时施工、同时投入生产和使用，保障劳动者在生产过程中的安全与健康。

五、"三同步"原则

企业在考虑经济发展，进行机构改革、技术改造时，安全生产要与之同时规划、同时组织实施、同时运作投产。

六、"三不伤害"原则

教育职工做到不伤害自己、不伤害他人、不被他人伤害。

七、"四不放过"原则

发生安全事故后，原因分析不清不放过，事故责任者和群众没有受到教育不放过，没有防范措施不放过，有关领导和责任者没有追究责任不放过。

八、"五同时"原则

企业生产组织及领导者在计划、布置、检查、总结、评比经营工作的时候，要同时计划、布置、检查、总结、评比安全工作。

第四节
安全生产基本要求

建立健全各项安全生产管理制度，全面树立安全生产人人有责的意识，确保全体员工在各自岗位对安全生产负责。全体员工应遵守各项安全生产规章制度，在生产中认真学习和执行安全技术操作规程，爱护生产设备和安全防护装置、设施及劳动保护用品。发现不安全情况，及时报告，迅速予以排除。

第五节
三级安全教育

一、厂级安全教育

教育内容包括：公司安全生产形势，安全生产的一般情况和安全须知，安全生产规章制度，安全生产的重大意义，特殊危险因素介绍，一般电气和机械安全知识，伤亡事故发生的主要原因，工业卫生及职业病预防知识，典型事故案例、事故教训及预防事故的基本知识等。

二、车间级安全教育

教育内容包括：单位安全生产工作概况，安全生产组织、人员概况及规章制度，工艺流程及特点，危险部位、危险设备及安全事项，安全文明生产的具体做法、要求及规章制度，告知主要危险危害因素及预防措施，典型事故案例及事故应急处理措施等内容。

三、岗位安全教育

教育内容包括：班组生产概况和本工种安全操作规程、本岗位危险危害因素及预防措施、个人防护用品的使用和管理、岗位安全要求等。

第六节
安全生产管理要点

一、安全预防重点

（1）预防起重作业过程中的人身伤害事故。

（2）预防流水线模台运行过程中的人身伤害事故。

（3）预防高空作业过程中的人身伤害事故。

（4）预防临时电源使用或电气检修过程中的触电事故。

二、主要安全措施

1. 一般规定

（1）全体员工必须接受安全培训。

（2）对新工人或调换工种的工人经考核合格，方准上岗。

（3）特种作业人员须持证上岗。

（4）必须设置安全设施和必要的工具。

（5）生产人员必须佩戴安全帽、护目镜、防砸鞋、皮质手套等劳保用品。

（6）班组长每天要对班组工人进行作业环境的安全交底。

（7）车间内外的行车道路、人行道路要做好分区。

（8）构件要有专用的存放架，存放架要结实牢固。

（9）模具的放置、拆模后模具的临时存放需要支撑架，支撑架要结实牢固。

（10）物品堆放要设置防止磕绊的提示，外伸钢筋设置醒目提示。

2. 起重作业安全措施

（1）起吊重物时，系扣应牢固、安全，系扣的绳索应完整，不得有损伤。有损伤的吊绳和扣具应及时更换。

（2）作业过程中，要随时对起重设备进行检查维护，做到问题的及时发现和及时处理，绝不留安全隐患。

（3）起吊作业时，作业范围内严禁站人。

3. 机械操作安全措施

（1）操作设备或机械，应提醒周边人员注意安全，及时避让，以防意外发生。

（2）使用机械或设备，应注意安全。机械或设备使用应先目测有无明显外观损伤，电源线及插头、开关等有无破损。然后试开片刻，确认无异常方可使用。试开或使用中若有异响或感觉异样，应立即停止使用，请维修人员修理后方可使用，防止发生危险。

（3）工具及小的零配件不得随意乱放，模板等物件搬移或挪位后应放置平稳，防止伤人。

4. 电气使用安全措施

（1）机械或设备的用电，必须按要求从指定的配电箱取用，不得私拉乱接。使用过程中如发生意外，不要惊慌，应立即切断电源，然后通知维修人员修理。严格禁止使用破损的插头、开关、电线。

（2）电气设备和带电设备需要维护、维修时，一定要先切断电源再进行处理，切忌带电冒险作业。

（3）操作人员在当天工作全部完成后，一定要及时彻底地切断设备电源。

5. 蒸汽安全措施

（1）在蒸汽管道附近工作时，应小心被烫伤。

（2）严格禁止坐到蒸汽管道上休息。

（3）打开或关闭蒸汽阀门时，必须带上厚实的手套以防被烫伤。

6. 消防安全措施

（1）厂房内严禁吸烟。

（2）要经常性地对消防器材进行检查，发现有破损或数量不足时，要及时上报，以便及时维修和补充。

（3）消防器材要放在易取用的明显位置，周围不得堆放物品，任何消防器材不可挪作他用。

（4）厂内住宿员工禁止使用电热棒、电褥子，更不得使用电炉子进行取暖。

（5）职工宿舍禁止私接电线和使用电气设备，必须使用时要报厂长批准后方可使用。

第七章

绿色生产

第一节

绿色生产的概念

绿色生产是指以节能、降耗、减污为目标，以管理和技术为手段，实施工业生产全过程污染控制，使污染物的产生量最少化的一种综合措施。

第二节

绿色生产的目的

在生产过程中，消除减少废、污物的产生和排放，以实现合理利用资源，促进产品生产和消费过程与环境相容，减少整个生产活动对人类和环境的危害。通过资源的综合利用、短缺资源的代用、资源的再利用，以及节能、节材、节水，合理利用自然资源，减缓资源的耗竭。

第三节
绿色生产管理

一、节水管理

（1）实行用水计量管理，严格控制施工阶段用水量。

（2）现场生产、生活必须使用节水性生活用水器具，在水源处应设置明显的节约用水标识。

（3）应采取地下水源保护措施，限制进行工程降水。

（4）现场应充分利用雨水资源，保持水体循环，有条件的应收集屋顶、地面雨水再利用。

（5）现场应设置废水回收设施，对废水进行回收后循环再利用。

（6）加强施工用水、生活用水的量化管理，实行分表定量，经常进行监测，并登记监测结果。

二、节能管理

（1）选用节能照明器具。

（2）合理安排工艺顺序、工作面，以减少作业区域的机具数量。相邻作业区充分利用共有的机具资源，提高各种机械的使用率和满载率，避免施工机械空载运行的现象。

（3）施工机械设备应建立按时保养、检修、检验制度。

（4）实行用电计量管理，严格控制阶段用电量。

（5）材料的堆放应以减少二次搬运数量、减少运输机械设备的使用为主。

三、节约材料及资源利用管理

（1）优化生产方案，选用绿色材料，积极推广新材料、新工艺，促进材料的合理使用，节省实际施工材料的消耗量。

（2）根据生产进度、材料周转时间、库存情况等制订采购计划，并合理确定采购数量，避免采购过多，造成积压或浪费。

（3）对周转材料进行保修和维护，维护其质量状态，延长其使用寿命，按照材料存放要求进行材料装卸和临时保管，避免因现场存放条件不合理而导致浪费。

（4）依照预算，实行限额领料，钢筋、模板生产前应编制专项翻样数据，经技术部门审核后使用，严格控制材料的消耗。

（5）生产现场应建立可回收再利用清单，制定并实施可回收废料的回收管理办法，提高废料利用率。

四、扬尘污染管理

（1）厂区道路应根据用途进行硬化处理，土方应集中堆放，裸露的场地和集中堆放的土方应采取覆盖、固化或绿化等措施。

（2）厂区大门口应设置冲洗设施，有出口处应设防潮措施，以免车辆带泥带水上路，影响城市道路环境。

（3）施工现场存放易飞扬的细颗粒散体材料，应采取密闭存放措施。

（4）生活区及生产区每天进行清扫洒水，确保场地清洁、美观，不引起扬尘。

（5）厂区材料存放区、加工区及模板存放场地必须平整坚实，一般情况下宜用碎石或粗砂填实，以硬化地面。

（6）厂区应建立封闭式垃圾站，施工垃圾的清运，须采取相应的容器成管道运输。

五、噪声污染管理

（1）厂区应对噪声进行检测和记录，噪声排放不得超过国家标准。

（2）现场的强噪声设备应设置在远离居民区的一侧，可采取对强噪声设备进行封闭等降低噪声措施。

（3）运输材料的车辆进入厂区，严禁鸣笛，装卸材料应做到轻拿轻放。

（4）改进厂房的机械设备，尽量使用噪声低、能耗小的先进设备，或增加防护装置，减少噪声污染。

（5）根据国家与地方的相关规定，对生产期间引起的噪声进行监控，每天记录监控结果，形成专项监控资料。

六、固体废弃物污染控制管理

（1）生产中应减少固体废弃物的产生，生产结束后，对生产过程中产生的固体废弃物应全部清除。

（2）生产现场应设置封闭式垃圾站，生产垃圾、生活垃圾应分类存放，并按规定及时清运消纳。

（3）禁止高空抛物，生产所产生的垃圾应采用密封器具将其封闭后运送。

七、光污染管理

（1）应合理安排生产时间，尽量避免夜间生产，需要进行夜间生产时，应合理调整灯光的照射方向，在保证生产作业面有足够光照的条件下，减少周围居民的生活干扰。

（2）在露天进行电焊作业时，应采取遮挡措施，避免电弧光外泄。

参考文献

［1］《混凝土结构工程施工规范》GB 50666—2011

［2］《混凝土结构工程施工质量验收规范》GB 50204—2015

［3］《装配式混凝土建筑技术标准》GB/T 51231—2016

［4］《装配式混凝土结构技术规程》JGJ 1—2014

［5］《装配式建筑评价标准》GB/T 51129—2017

［6］《装配式混凝土建筑施工规程》T/CCIAT 0001—2017

［7］《装配式住宅建筑设计标准》JGJ/T 398—2017

［8］《预制带肋底板混凝土叠合楼板技术规程》JGJ/T 258—2011

［9］《钢筋套筒灌浆连接应用技术规程附条文》JGJ 355—2015

［10］《钢筋连接用灌浆套筒》JG/T 398—2019

［11］《钢筋机械连接技术规程》JGJ 107—2016

［12］ 15G366 - 1《桁架钢筋混凝土叠合板（60mm 厚底板）》

［13］ 15G367 - 1《预制钢筋混凝土板式楼梯》

［14］ 15G368 - 1《预制钢筋混凝土阳台板、空调板及女儿墙》

［15］ 15G365 - 1《预制混凝土剪力墙外墙板》

［16］ 15G365 - 2《预制混凝土剪力墙内墙板》

［17］ 15G107 - 1《装配式混凝土结构表示方法及示例（剪力墙结构）》

［18］ 15G310 - 1《装配式混凝土连接节点构造》

［19］ 15G310 - 2《装配式混凝土连接节点构造》

［20］ 15J939 - 1《装配式混凝土结构住宅建筑设计示例（剪力墙

结构)》

　　［21］16G906《装配式混凝土剪力墙结构住宅施工工艺图解》

　　［22］16G116 - 1《装配式混凝土结构预制构件选用目录（一)》